安琪拉的

——安心放手做西點

烘焙廚房

序

我愛烘焙後的成就感，
更愛品嘗時的滿足感。

在台灣就酷愛吃麵包的我，到美國聖安東尼奧市定居後，發現可選擇的麵包口味和種類都不多，我愛吃鹹口味的麵包，但美式麵包卻以甜口味居多，所以讓我更加想念多到不知該如何選擇的台灣麵包；或許住在華人較多的城市，還有機會可以品嘗到台式麵包，但沒有選擇機會的我，只好自己動手做，也因而展開我的烘焙生活。

由於烘焙環境完備，加上材料取得容易，從最初開始為了滿足口腹之慾，我漸漸愛上了烘焙這種從大烤箱中變出香噴噴成品的感覺！烘焙對許多人而言，或許只是純欣賞的生活藝術，但對我來說，烘焙早已融入生活之中，我愛烘焙時的成就感，更愛品嘗成品的滿足感。

雖然現代人生活繁忙緊湊，但家庭烘焙依然普及於全美，不但超市可以買到各式半成品材料，假使想從材料準備直到烘烤都不假手他人，超市也能找到你需要的所有材料。材料準備不成問題之後，如果再有一本好的食譜可參考，更能增加烘焙成功的機會，食譜可算是美國各大書店裡的最受歡迎的書類之一，其中不乏非常詳盡的經典參考書，有些書甚至已發行近百年的時間，經過漫長時光依然受到讀者重視。此外，電視上的烘焙教學節目，亦是提供學習參考的好機會，看

著名廚在電視上的示範，更增加實際操作時的信心。還有拜現今網際網路發達之賜，廣闊的網海中可以找到許多實用的參考資訊。因此從未正式拜師學藝的我，就是藉著這些學習管道，再加上實地操作練習，漸漸在烘焙世界裡，摸索出自己的小天地。

烘焙的成品種類繁多，製作過程及材料也不相同，所呈現的面貌可以華麗，也可以平實。我把烘焙視為生活中的樂趣及需要，所以製作家常的成品，是我烘焙時的首要選擇，今天烤好的蛋糕、麵包或餅乾，就是我家明天餐桌上的早餐或下午茶點囉！或許華麗的糕點並不常出現在我的廚房裡，但將烘焙融入生活，卻是我一直努力的方向，而能將這些心得和初入烘焙世界的朋友們一起分享，更是一件快樂的事。

感謝朱雀文化給我這個機會，我盡最大努力完成這本書，是希望新朋友在踏出烘焙的第一步時，不致感到緊張、害怕。如果你想進入烘焙世界，就請你把本書當做一扇門，當你推開門走進烘焙世界，或許過程中會面臨失敗，但是當你涉獵愈深，門裡的世界將會帶給你更充實的生活樂趣喔！

安琪拉

CONTENTS

安琪拉的烘焙廚房——安心放手做西點

✳

FOUR·
最OK的烘焙食譜

ONE. 神奇的烘焙材料

由於目前烘焙環境相當完備，加上材料取得容易，我漸漸愛上了這種從大烤箱中變出香噴噴成品的遊戲！如果你喜歡在家做點心，你就會發現，不同材料的加減運用，可變換出時而華麗時而平實的成品，這就是神奇的烘焙魔法！

烘焙對許多人而言或許只是純品味的生活藝術，但對我來說，烘焙早已融入我的生活之中，我愛烘焙時的那種成就感，更愛品嚐成品時的滿足感。

在糕餅鋪裡雖然很容易買到各式點心，家庭烘焙卻可以選用最新鮮的烘焙材料，掌握品質，縱然做出來的成品不如買的美觀，衛生卻絕對讓人安心！接下來，將為大家介紹家庭烘焙常用的材料：

油脂（Fat）

油脂讓糕點的風味更香濃，使糕點的組織更柔軟，並能保持糕點的新鮮度，因此油脂為烘焙時不可缺少的重要原料之一，以下為數種常用的烘焙油脂：

奶油（Butter）

常見的奶油種類可分為兩大類，從牛奶中直接分離出來的純奶油（Sweet cream butter）是最主要的奶油種類，其中又可分為**含鹽奶油**（Salted butter）及**無鹽奶油**（Unsalted butter），含鹽奶油適合做為一般烹調，亦可直接塗抹於食物上，或用來做成調味奶油，例

■奶油

如加入香料做成香料奶油；而無鹽奶油較適合糕點烘烤。鹽也是烘焙時常用的少量材料，大部份的食譜材料中均會加入適量的鹽，而每種品牌的含鹽量可能不完全相同，如使用鹽份較高的含鹽奶油做為材料，恐會影響成品的風味，所以使用無鹽份的奶油，較不易增加成品中鹽的份量。

■無鹽奶油

另一類**發酵奶油**（Cultured butter）風行於歐洲，風味較佳；但目前台灣較不容易買到小包裝的。這種奶油和一般奶油製法的不同之處，在於從牛奶分離出鮮奶油之後的處理方式；一般奶油是直接以鮮奶油分離所製成，而發酵奶油

■奶油

■瑪琪琳

則是讓鮮奶油留在貯存槽中，先經過一段靜置期，並在這段時期加入培養菌，再分離製造出有特殊風味的奶油。培養菌會分解消化鮮奶油中的乳蛋白，因爲少了使奶油發酵腐壞的乳蛋白，因此這類奶油有較長的保存期。和一般純奶油一樣，發酵奶油也有含鹽及無鹽兩種可供選擇，使用方法和一般純奶油相同，可直接用於烹調及烘焙之用。

奶油如果沒有妥善保存，很容易吸收冰箱中其他食物的味道，也很容易失去本身的濕潤度；脫水乾燥會造成奶油變色和變味，奶油也會因而發黴變色變味，所以奶油必須放置在冰箱中密封冷藏保存，並遠離味道較重的食物。如置於室溫

下過久，奶油很容易產生腐壞現象，不要一再解凍、回冰。購買時必須注意包裝上的保存期限，並妥善冷藏於冰箱中，品質新鮮的奶油才能讓成品增色。

冷藏櫃的烘焙油脂除了純奶油之外，還有一種看起來很相似的**瑪琪琳（Margarine）**，由植物油製成，最多只含有80%的油脂，其餘多爲水份及其他成份，有些產品甚至含油量更少，相對地就含有更多的水份。純奶油和人造奶油雖然外觀相似，但做出來的成品卻有很大的不同，瑪琪琳由於含有水份，而且每種瑪琪琳的油水比例不完全相同，做出來的成品有時

■瑪琪琳

■重奶油蛋糕必須使用純奶油為材料。

■白油

過硬，有時卻又太濕軟，口感及風味比不上用純奶油所做的成品。

　　某些糕點必須使用純奶油為材料，像重奶油蛋糕（Pound cake）或牛油餅乾（Shortbread）等，因為糕點的風味就在於所用的奶油，如用人造奶油來替代，風味可就大不相同了。如果要使用瑪琪琳來做為烘焙油脂，請務必先仔細閱讀盒裝標示，盡量選擇含油比例最大的產品，成品的口感會較為理想。

　　在台灣所能買到的純奶油，大多由國外進口，依不同重量包裝出售；我平時在美國超市可買到的純奶油，通常是每盒1磅裝，以4長條狀分開包裝，包裝紙上有劃分份量的標示線。烘焙時我都是用純奶油來做為材料，雖然純奶油比瑪琪琳價格來得高，但是等到嘗了成品之後，會覺得所費值得喔！

白油或酥油 （Shortening）

　　白油是烘焙常見的油脂材料之一，是以液態蔬菜油經過氫化處理而成的固體油脂，一般為白色且無味；另外還有經加工成為帶有奶油調味的**酥油**（Butter flavored shortening）可供選擇，這類酥油的顏色類似奶油般的淺黃色。有些白油的原料純為植物油，也有酥油中添加了部份動物性油脂，可依需

■瑪芬是以沙拉油
做為材料之一。
（賴淑萍製作）

要購買全素或帶有動物性油脂的產品。白油常用來製作酥皮點心，例如派皮就常用酥油做為材料，酥脆效果比其他油脂更好。酥油不必冷藏，但必須保存在陰涼乾燥的地方，如果出現很重的油漬味和變色情形，就請丟棄不要再食用。常見為罐裝包裝，但也有較易於測量份量的長條包裝。

液態油（Oil）

　　除了用固體油脂做為材料之外，像瑪芬（Muffin）或玉米麵包（Cornbread）等，就常以液態油做材料。液態油的種類很多，最常見的是以黃豆為原料的蔬菜油（Vegetable oil），也稱為大豆沙拉油，和玉米油（Corn oil）、葵花籽油（Sunflower seed oil）、橄欖油（Olive oil）等，通常這些油的顏色呈淺金黃色，本身也沒有太重的香味，不會完全蓋住其他材料的味道。這類油脂保存在陰涼不受日照的室溫中即可，開封後應盡快使用完畢。

■用全麥麵粉做出來
的成品，營養高，而
且顏色、風味優。
（趙柏淯製作）

麵粉 （Flour）

有許多不同種類的麵粉，每種麵粉的特性取決於所使用的原料——麥子。例如軟質的麥子（Soft wheat）麩質較小，所以它較適合用來做糕餅類的食品。而硬質的麥子（Hard wheat）含有較高的麩質，因此適合用來做麵包類食品。常用來做為烘焙之用的麵粉包括：

全麥麵粉（Whole wheat flour）

全麥麵粉經由研磨整顆麥粒而來，包括了內胚乳、胚芽和麥麩部份，有較深的顏色和類似榛果的味道。用全麥麵粉做出來的成品，比白麵粉成品的營養成份高，且顏色、風味和成品體積，都和白麵粉成品不同；成品顏色較深並有特殊香味，而體積比白麵粉成品略小，是因為全麥麵粉中高比例的麥麩，含有一種會減低麵粉筋性的酵素。

中筋麵粉（Plain flour 或 All purpose flour）

是混合軟質和硬質多麥所研磨而成，通常會經過漂白處理，並且添加營養成份。這類麵粉的蛋白質含量約為9.5～10.5%，用途廣泛，適合做各式西點及中式麵點。

高筋麵粉（Gluten flour 或 Bread flour）

採用硬質多麥或春麥製成，因為含有較高的麩質含量，所以筋性也比較高。這類麵粉的蛋白質含量約為10.5～12%，主要用途是做麵包，或是一些筋性較高的麵粉類成品，又稱麵包麵粉，日本人稱為強力粉。

■有彈性有咬勁的麵包
就是用高筋麵粉做材
料。（陳智達製作）

■綿密鬆軟的蛋糕是
用低筋麵粉做的。
（賴淑萍製作）

低筋麵粉（Soft flour或Cake flour）

採用軟質多麥，所以質地非常細緻，因為含有較低的麩質含量，所以筋性也較低。這類麵粉的蛋白質含量約為8.5～10%，主要用來做較鬆軟的蛋糕或餅乾。

購買麵粉時，應注意包裝上所標示的保存期限。全麥麵粉最好是冷凍保存於冰箱中，不但可以保留其中的維他命E成份，而且因為全麥麵粉中，含油的胚芽部份容易使麵粉腐壞變質，低溫保存可以抑制變質，以利長久保鮮，但必須完全密封，避免吸收到冰箱中其他的味道。一般中、高及低筋麵粉在製作過程中均去除胚芽和麥麩，因為少了含有油份的胚芽，比較不會快速腐壞變質，只需存放於陰涼乾燥的通風場所，快速用完，以免麵粉長蟲。

美式超市可買到的多用途麵粉（All-purpose flour）、麵包類麵粉（Bread flour）及蛋糕類麵粉（Cake flour），和中、高、低筋麵粉非常類似。我通常是用類似中筋麵粉的多用途麵粉，來做各式烘焙西點或中式麵點，做出來的成品口感都還不錯，但質地比較細緻的蛋糕或餅乾，我就會用類似低筋麵粉的蛋糕類麵粉來做為材料。

■麵粉/全麥麵粉

Q&A

Q 要如何準確測量麵粉呢？

A 歐洲及亞洲的食譜以重量為單位居多，而美式食譜則常以「杯」為單位。當食譜以材料的重量計算時，須準備刻度較為精準的廚房秤，其中電子秤又比彈簧秤來得更精確；用秤準備材料較不必擔心過量的情形發生。若食譜是以「杯」為單位時，就必須先確定食譜所要求的1杯是指多少的量，因為各地區「杯」的標準量不盡相同，例如美式量器1杯的份量通常為240ml，而在台灣可購得的量器，常見1杯的份量則為200ml，所以請視食譜指定來準備量器。

■量杯

如果經常參考美式食譜以量杯來準備份量時，我的建議是可以準備湯匙式的量杯，也就是不同份量各有不同的量杯，常見為1組包括1杯、1/2杯、1/3杯及1/4杯等不同容量，較容易量出材料份量。如利用量杯測量麵粉時，先將麵粉攪鬆或篩細，再將量杯平放於桌面上，以湯匙舀入麵粉，並將量杯口多餘的麵粉抹平，不要搖晃或震動量杯，才不會緊壓麵粉，導致量了過多的份量。如果使用的量杯形式是所有刻度都在同一個量杯裡，測量麵粉時的鬆緊度不同，每次測量出來的份量可能也就不相同。

■用美式量匙型量杯製作美式西點食譜很輕鬆。

Q 要如何儲存麵粉呢？

A 一般白麵粉只需密封保存於陰涼的室溫中，但如果是大量購買，可在麵粉袋中放入數片月桂葉，以

防止未使用的麵粉長蟲；全麥麵粉中的胚芽含有油脂，置於不理想的室溫中很容易變質，所以較理想的儲存方式是將麵粉密封冷凍，可防止短時間內的變質。冷凍過的麵粉使用前要先取出置於室溫，較方便均勻混合。

■在麵粉袋中放入數片月桂葉，可防止麵粉長蟲。

Q 是否所有烘焙成品都可以用同一種麵粉呢？

A 麵粉雖然都是由小麥磨製而成，但視所使用的麥子品種不同、蛋白質含量多寡，可生產出不同種類、用途的麵粉。全麥麵粉中高比例的麥麩，使得全麥麵粉含有減低筋性的酵素，因此全麥麵粉較少單

獨使用，通常是和白麵粉混合使用，以增加成品的營養和口感；高筋麵粉含有較高的蛋白質，製成品筋性較高，通常用來製作麵包；而蛋白質含量較低的低筋麵粉，質地細緻，適合用來做蛋糕及餅乾。

高筋及低筋這兩類麵粉的用途明確，不適合用來互相替換，但筋性介於兩者之間的中筋麵粉，幾乎可符合任何烘焙點心需要，除非某些麵粉種類會嚴重影響成品，必須依食譜要求準備材料外，中筋麵粉所做出來的蛋糕、餅乾及麵包，口感並不會有太大差別。大多數的美式烘焙食譜，均使用類似中筋麵粉的多用途麵粉（All-purpose flour），以我個人的經驗來說，我大多是使用中筋麵粉，無論是烘焙蛋糕、餅乾或麵包，口感均相當不錯。

烘焙常用的3種膨大劑，泡打粉、小蘇打粉和酵母，雖然都具有使麵糰發酵膨脹的能力，但三者之間還是有很大的不同，不適合任意替代，必須依照食譜要求來準備。

泡打粉（Baking powder）

泡打粉是混合鹼性鹽（如小蘇打粉）、酸性鹽（如塔塔粉）和水份吸收物（如玉米澱粉）而成的白色細粉末狀物。當泡打粉和水份混合時，就會釋放出二氧化碳氣泡，而這些氣泡就是造成麵糰發酵膨脹的主要因素。

依不同比例和成份的混合配方，泡打粉可分為速發型泡打粉（Fast-acting baking powder）、緩發型泡打粉（Slow-acting baking powder）及混合型泡打粉（Double-acting baking powder）三種。最常見的形式為混合型泡打粉，這類泡打粉含有兩種酸性鹽，所以會有不同的反應速度。部份成份在遇水時，會立刻釋放二氧化碳，而另一部份需等到送入烤箱遇熱後，才會產生作用。含有這類泡打粉的麵糰，不像使用速發型泡打粉麵糰需要立刻烘烤，而且也可以像使用緩發型泡打粉麵糰一樣冷藏

■泡打粉

保存，擁有兩種泡打粉的特性，更增加膨脹時的穩定性及成功率。

　　泡打粉如果保存不當，容易變質失效，超過保存期限，也會慢慢失效。所以妥善保存在陰涼乾燥的室溫下，並且隨時注意有效期限，才能使泡打粉發揮最好的作用。

小蘇打粉 （Baking soda）

　　小蘇打粉呈細白粉末狀，由鹼性鹽混合物所構成。於十九世紀中期，發現小蘇打粉能讓烘焙成品快速膨脹的特性，因而使得烹調方式產生重大改變，小蘇打粉就成為普遍的烘焙膨大劑之一。

　　通常鹼性的小蘇打粉遇到酸性成份的材料，例如酸奶、優格或糖蜜等，會產生二氧化碳氣泡，使麵糰產生膨脹的作用。但因為小蘇打粉遇到水份會立刻產生反應，所以要先和其他乾性材料混合均勻，再加入濕性材料，並且在混合之後要盡速放入烤箱烘烤。小蘇打粉同樣也是要保存在陰涼乾燥的室溫下，並注意保存期限。

■小蘇打粉

酵母 （Yeast）

酵母是一種單細胞的微小菌類，酵母種類繁多，最被廣泛使用的種類，是在釀製啤酒過程中，所產生出來的副產品，可以用來做為發酵麵包的酵母。當酵母和醣類溶液，或是麵粉中的醣類澱粉混合後，會快速產生作用，將醣類轉化為二氧化碳和酒精，所產生的二氧化碳使得麵糰發酵膨脹，而其中酒精成份會在烘烤時蒸發消失，因發酵而產生的二氧化碳氣泡，會使麵糰中形成所多小孔，因此和未烘烤前的麵糰相比較，烤出來的成品會變得較輕且較膨鬆。用來製作麵包常見的酵母種類如下：

1.**活性乾燥酵母**（Active dry yeast）：呈乾燥粉末狀，使用前先溶解在溫度合宜的液體中，可達到最好的發酵效果。

2.**速發型酵母**（Rapid-rise yeast）：也是乾燥的粉末狀，但顆粒比一般酵母更細，可直接加入其他乾性材料中，而不必先溶解於液體內。其中有一種製麵包機酵母（Bread machine yeast）特別適合於利用製麵包機做麵包時使用。

3.**新鮮酵母**（Fresh active yeast）：這種酵母沒有經過乾燥的過程，通常都壓縮成塊狀，必須冷藏保存，且保存期限僅2至3週，使用時先和液體材料混合，酵母會產生泡沫。需先確定酵母仍有發酵能力，再加入其他乾性材料。

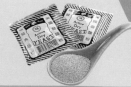

新鮮酵母的保存期限比較短，通常開封後2至3週就會逐漸失效，一般家庭烘焙較少使用這種酵母，乾燥的粉末狀酵母是一般家庭烘焙較常用的材料。我不曾用過新鮮酵母來發酵麵糰，我平時較常採用先將酵母和乾性材料混合，再加入液體材料的方式來做麵包，所以常用速發型酵母；但我也備有活性乾燥酵母，使用於傳統先溶於液體材料的發酵方式。如用於乾性材料發酵方式時，活性乾燥、速發型及製麵包機酵母我都用過，效果上並沒有太大差別，僅發酵時間快慢略有不同。一般未開封的乾燥酵母可以保存在室溫下，一旦開封後最好密封冷藏保存，而且在保存期限內使用完，沒有經過乾燥處理的新鮮酵母，無論是否開封都一定要密封冷藏保存。

塔塔粉（Cream of tartar）

塔塔粉是一種酸性的白色粉末，雖不是直接做為烘焙時的膨大劑來使用，但在打發蛋白時，通常會加入適量塔塔粉來穩定蛋白的外型，讓膨鬆的打發蛋白不容易扁塌，並中和蛋白的鹼性。

■塔塔粉

Q&A

Q 小蘇打粉和泡打粉可以互相替代嗎？

A 基本上小蘇打粉和泡打粉，都是以釋出二氧化碳氣泡，而使得成品內部組織在遇熱後膨脹。小蘇打粉是鹼性鹽，遇到材料中的酸性物質時即產生反應，會釋放出二氧化碳氣泡，通常材料中使用到酸奶、酸奶油、可可粉、巧克力、黃砂糖或檸檬汁時，都會加入適當比例的小蘇打粉，來中和材料中的酸性物質，如果小蘇打粉的比例不平衡，部份沒有和酸性物質作用的小蘇打粉，會使得成品中有股苦澀味。而泡打粉則是混合了鹼性鹽及酸性鹽而成，鹼性鹽部份通常是使用小蘇打粉，而酸性鹽的部份則常用塔塔粉或硫酸鋁鈉（Sodium Aluminum Sulfate），並會加入適量玉米澱粉來吸收水份，使泡打粉在未作用時能保持乾燥。所以當泡打粉和水份混合時，不需要酸性材料，也能單獨作用，釋放出二氧化碳氣泡，而這些氣泡就是使糕點發酵膨脹的主要因素。

有些食譜同時使用2種膨大劑，其中小蘇打粉是負責中和酸性物質的角色，而如果單用小蘇打粉，膨脹能力可能不足時，泡打粉就可發揮作用，補強小蘇打粉的不足。所以如將食譜中小蘇打粉及泡打粉的份量，互相替代或自行增減，可能會有膨脹不理想，或風味不佳的情形出現喔！

Q 製作發酵麵包時該選用何種酵母？酵母又該如何保存呢？

A 乾燥酵母較適合家庭烘焙使用，如手工揉製麵包時，乾燥活性酵母及速發型酵母均適用，但如用活性乾酵母，須先和溫水混合發酵後，才能加入乾粉材料；但如採用乾粉發酵法時，可選用顆粒較細的速發型酵母，直接加入乾粉材料中，再加入溫水混合發酵。如使用製麵包機來揉製麵包時，就需要選用速發型酵母，較易達到理想的發酵狀態。

■使用活性乾酵母，須先和溫水混合發酵後，才能加入材料中。

無論使用哪一種乾酵母製作麵包，都必須使用新鮮而有效的酵母，才能確保成品發酵成功。我經常製作手工酵母麵包，需要大量使用酵母，所以為了方便，我都是購買瓶裝酵母。酵母一旦開封之後，就必須冷藏於冰箱之中，保持其發酵能力不致散失，而且一定要密封，絕對不能讓任何濕氣進入酵母中，一旦包裝裡的酵母遇到水氣，酵母就會在包裝中開始作用，效力也會漸失。

酵母存放時間過久，也容易逐漸散失效力，所以若不是經常製作麵包，以購買單包小袋包裝的酵母較為理想。如果不確定存放較久的酵母是否仍有效時，先準備1/2杯溫水（約40℃至45℃）並加入1茶匙白糖，再撒上酵母輕輕攪拌，待10分鐘後如產生許多發酵的泡沫，就表示酵母仍有效力，接著再加入食譜材料（但請記得，測試時已用了1/2杯水及1茶匙白糖），再接著繼續完成製作麵包的所有步驟。這個測試的步驟，可避免使用失效的酵母，而導致浪費時間及材料。

Q 為什麼酵母發酵時需要加入糖和鹽呢？

A 糖是幫助酵母發酵的重要因素，糖能讓酵母細胞逐漸膨脹，當適量的糖和酵母混合在一起，經過作用後即會產生泡沫，但過量的糖卻會破壞發酵，因為酵母過少而糖過多時，會使酵母過度發酵，酵母的細胞會因為膨脹得太厲害而破裂，使得麵糰產生很濃的發酵味道，而且無法達到理想的膨脹狀態。所以製作甜味麵糰時，經常會加入較大量的酵母，如此才能有平衡的發酵環境。而鹽在發酵過程中，卻是扮演抑制的角色，發酵時加入適量的鹽，可使得酵母不會發酵過於迅速，讓酵母在適當的時間內逐漸發酵，製作出來的麵包風味才最理想。

■砂糖/蜂蜜/果糖

甜味材料 （Sweetener）

甜味材料是烘焙時不可或缺的元素之一，除了增添風味之外，更影響成品的色澤及柔軟度。常見的烘焙用甜味材料包括：

白砂糖 （White granulated sugar）

白砂糖是用途最廣泛的糖類之一，主要原料來自製糖甘蔗（Sugar cane）或甜菜（Sugar beet），不但可用於烹調及烘焙，亦可直接溶解於食物或飲料中。依顆粒粗細不同可分為細砂糖（Fine）和顆粒更細的特細砂糖（Superfine 或 Extra fine）兩種。白砂糖的顆粒如果太粗，在攪拌時較不易溶解均勻，或於加入打發的鮮奶油或蛋白中時，會因砂糖顆粒太粗而破壞打發狀況，所以我建議選用特細砂糖，較不容易影響攪拌的步驟。

黃砂糖或二砂糖（Brown sugar）

黃砂糖是以白砂糖加入深褐色的糖蜜（Molasses）所製成，加了糖蜜使黃砂糖產生不同於白砂糖的風味及顏色。

■細砂糖

■二砂糖　　　■糖粉　　　■玉米糖漿

除了一般黃砂糖之外，黃砂糖依加入糖蜜份量的不同，製作出糖的顏色也有深淺之分，超市另可見深色黃砂糖（Dark brown sugar）及淺色黃砂糖（Light brown sugar）。如果食譜沒有特別要求，使用一般黃砂糖即可。

糖粉 （Powder sugar）

糖粉是將白砂糖磨細，並加入玉米澱粉以防潮濕結塊，常用來撒在甜點表面或製成糖霜。通常在包裝上可見X表示磨細的程度，而以10X為最細的糖粉。糖粉先篩細再使用，才不會因結塊而過量。由於

糖粉是砂糖加了其他澱粉，所以不適合直接以糖粉替代一般白砂糖或黃砂糖。

蜂蜜 （Honey）、玉米糖漿（Corn syrup）和糖蜜（Molasses）

除了一般糖類之外，蜂蜜、玉米糖漿及糖蜜也是烘焙常見的甜味材料，除了甜味之外，更有不同的特殊風味。加了**蜂蜜**的成品顏色會較深，因為蜂蜜比糖更快使成品呈金黃色，所以烘焙過程中必須注意，避免成品顏色過於焦黑。玉米**糖漿**能增加產品的濕性，常用於糖霜及糖果的調飾，是做美式胡桃派

（Pecan pie）不可少的材料。玉米糖漿有顏色深淺不同的兩種，一種是褐色，另一種是透明淺黃色。**糖蜜**是製糖過程中所產生的副產品，烘焙薑餅或薑味蛋糕時，多會加入糖蜜與薑粉搭配，同樣也有深淺兩種顏色可供選擇，可依個人口味喜好，選擇味濃的深色糖蜜，或味道較淡的淺色糖蜜。

　　顆粒或粉狀糖類須以密封的容器保存以防受潮，其餘糖漿類的甜味材料，也應置於陰涼乾燥的地方保存。如果保存方式正確，基本上都有相當長的保存期。

穀類和澱粉（Meal & Starch）

　　穀類及澱粉亦為烘焙時常用的材料，穀類可增加營養及成品口感，而澱粉除了可作為勾芡之用外，亦可降低成品的筋性，製作出口感更柔軟的成品。常見的穀類及澱粉材料包括：

碎玉米粒（Cornmeal）

　　將乾玉米顆粒磨碎而成，是玉米麵包（Cornbread）的主要材料，也是美國南方料理中常見材料之一；常用來撒在麵餅底部，例如法國麵包或披薩等。有黃、白色兩種，黃色的味道比白色來得重些，營養成份也

■碎玉米粒

比白色高些，但使用方式及份量均相同。

燕麥片 （Oatmeal）

　　燕麥片也是烘焙時常用的穀類材料，因磨製程度不同，而有粗細不同的成品可供選擇。可分為顆粒較粗的片狀燕麥（Old-fashioned oat或Quick-cooking oat）及幾乎呈粉末狀的燕麥粉（Instant oat），做為烘焙之用常選用片狀燕麥，可帶給成品特殊的口感。

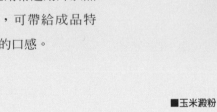

■燕麥片

玉米澱粉 （Cornstarch）

　　玉米澱粉是研磨玉米顆粒所得到的澱粉質，呈白色的細緻粉末狀，其功用可使材料透明濃稠，常用來煮製派和塔的內餡（Filling）或調味醬汁（Sauce）等。通常糖粉在磨製過程中，會加入部份玉米澱粉來防潮，或以玉米澱粉取代部份麵粉，使糕點組織更加細緻。

■玉米澱粉

乳製品材料（Dairy）

在烘焙過程中不可或缺的乳製品，也是影響成品組織及風味的元素之一，以下是常見的烘焙用乳製品：

牛奶（Milk）

依含脂量的不同，可分為全脂（Whole milk）、低脂（Low-fat milk）及無脂（Skim milk）牛奶。可依個人喜好選擇任何一種牛奶做為烘焙材料，由於全脂牛奶含脂肪量最高，比無脂牛奶做出來的成品風味濃郁，所以我都是以全脂牛奶來做西點。

■牛奶

鮮奶油（Cream）

鮮奶油基本上可分動物性及植物性兩種。動物性鮮奶油依據不同的脂肪含量，可包括下列數種：含36%以上脂肪量的重脂打發用鮮奶油（Heavy whipping cream），及含至少30%但不超過36%脂肪量的輕脂打發用鮮奶油（Light whipping cream），這兩種脂肪含量較高的鮮奶油，可用來打發成泡沫狀的鮮奶油。

■鮮奶油

還有兩種常見的鮮奶油成品，一種是低於30%脂肪量的鮮奶油（Light cream），及一半鮮奶油一半牛奶混合而成的鮮奶油（Half &

■酸奶油　　　　　■煉乳　　　　　■優格

Half），都不適合當成打發鮮奶油的原料，僅適合做爲烹調或調味。

　　除了動物性鮮奶油之外，稱爲人造鮮奶油的植物性鮮奶油，主要成份爲棕櫚油、玉米糖漿及其他添加物以利打發，而且通常都已加入甜味。除了一般鮮奶油之外，**酸奶油（Sour cream）**也是烘焙時會用到的材料之一，這是在鮮奶油中添加乳酸菌，使其產生一種很香濃的酸味，外觀和鮮奶油的液狀不太一樣，而是和優格較相似的固體濃稠狀，一般的酸奶油是使用乳脂肪含量18%至20%的鮮奶油製成，也有低脂及無脂酸奶油，但烘焙時以使用一般酸奶油爲佳。

酸奶（Buttermilk）

　　是用低脂或無脂牛奶加入培養菌所製成，本身帶有酸味並可見牛奶凝結物。使用酸奶爲材料，製作出的成品口感更鬆軟。

煉乳（Sweet condensed milk）或濃縮奶水（Evaporated milk）

　　這兩種以鐵罐包裝的乳製品，都是將牛奶去除水份後製成，其中煉奶並加入大量的糖，所以非常濃稠且甜膩，而奶水則沒有任何甜味。煉奶不適合替代任何其他的乳製品材料，而且這兩種包裝相似的乳製品，也不宜互相取代。

優格（Yogurt）

　　以牛奶加入培養菌所製成，帶有酸味且呈濃稠狀，依不同含脂

量，可分為全脂、低脂及無脂優格，且口味除了原味之外，也有許多帶有水果風味的調味優格，但烘焙時以採用原味優格為佳。

奶油乳酪 （Cream cheese）

柔軟的固體狀新鮮乳酪，含有相當高的乳脂肪，乳酪蛋糕的主要材料之一。有全脂、低脂及無脂奶油乳酪可供選擇，但其中的乳脂含量高低，是成品風味是否濃郁的最大因素，所以用全脂奶油乳酪做成的成品風味最佳。

購買任何乳製品都要注意包裝上的保存期限，開封後要盡快在期限內使用完畢，如果發現乳製品變質時，請丟棄不要再使用。

■奶油乳酪

Q&A

Q 如果買不到酸奶時可否有替代品呢？

A 食譜要求準備酸奶，但如果無法買到時，可在透明量杯中先加入1湯匙白醋或檸檬汁，再倒入牛奶至1杯的量，靜置5～15分鐘後，待牛奶產生凝結且呈濃稠狀時，即可取代1杯的酸奶。

Q 食譜中要求的鮮奶油，可使用別的材料來替代嗎？

A 如果是用來打發的話，就一定要選用真正的鮮奶油，而且必須要用乳脂含量36%以上的鮮奶油，用一般牛奶是無法打發成泡沫狀的。做為烹調或烘焙之用時，如果手邊正好沒有或買不到鮮奶油時，可用1/3杯融化的純奶油，加入全脂牛奶至1杯的量，攪拌後來替代1杯的鮮奶油，這個替代品不適用於打發用途；或是可直接用全脂牛奶來替代鮮奶油，但成品的風味就不如使用真正的鮮奶油來得濃郁。

■巧克力/白巧克力

巧克力 （Chocolate）

可可豆（Cocoa bean）是製作巧克力最主要的基本原料，經過高溫研磨後所產生的糊狀物，包括巧克力液（Chocolate liquor）、巧克力泥（Chocolate mass）和佔比例 53%的黃色油脂——可可奶油（Cocoa butter）。市售巧克力之間有何不同，端賴可可的含量比例，及是否添加其他不同的原料。

調溫巧克力 （Couverture chocolate）

專業主廚常用的材料，含有相當高比例的可可奶油，所以在融化後很容易塑形，可製作出各式不同的巧克力成品。這類巧克力在融化時，需要精準地掌握溫度及時間，加溫不當容易破壞巧克力的本質，亦會影響成品的品質。許多知名的調溫巧克力均產自歐洲，價格較一般烘焙用純巧克力來得昂貴，通常需要至特別的專賣店購買。

烘焙用純巧克力 （Baking chocolate）

一般人可選擇價格較為平實的烘焙用巧克力，常見的種類可分為下列數種：

無甜巧克力（Unsweetened chocolate）：沒有添加任合糖或牛奶等成份，因為味苦所以不適合直接食用，多適用於烘焙巧克力口味的點心，或是再加工做成各式手工巧克力糖。

半甜巧克力（Semisweet Chocolate）：是由無甜味的純巧克力加入糖所製成。

■巧克力/可可粉

白巧克力（White choco-late）：這種巧克力不含巧克力液，所以顏色呈乳白色，添加了牛奶、糖和調味用香料，比牛奶巧克力甜。

牛奶巧克力（Milk choco-late）：添加了乾燥奶粉、糖和調味用香料（如香草），使這種巧克力甜味高且香濃。可直接食用，或融化做成巧克力裝飾，但卻不適合用於直接烘焙，因為其中的牛奶成份容易烤焦。

除了純巧克力磚之外，粒狀的**巧克力豆（Chocolate Chip）**也是常見的烘焙用材料，由於巧克力豆的可可奶油含量較少，所以在烘焙過程中仍能維持其外型，但用來融

化使用的效果，卻不如純巧克力磚來得理想。**可可粉（Unsweetened cocoa powder）**外型雖是粉末狀，卻是製作巧克力所產生

■可可粉

的副產品，能讓成品帶有更濃郁的巧克力風味。但請不要和沖泡用的熱可可粉（Hot cocoa或Hot chocolate）混淆了，沖泡用的熱可可粉含有糖及其他添加材料，僅能用來當做沖泡飲品，不能用來做為烘焙材料。

市面上除了純巧克力之外，還有許多**人造巧克力（Compound chocolate）**，形狀和顏色看似巧克力，但實際上只是含有非常少量的可可奶油，有些甚至只是利用人造

■鈕扣巧克力豆/耐烘巧克力豆

代用品，並添加了類似巧克力的口味和顏色，這類人造巧克力的特色是融化時不需掌控溫度，而且融化後的製成品也相當容易凝固。

我建議如果要做爲烘焙之用，盡可能準備品質好一點的純巧克力，一般進口的烘焙用純巧克力，都會在包裝上標示所含材料，選購前應先仔細閱讀所含材料成份。使用替代油脂及其他成份製成的人造巧克力，和用可可奶油爲原料製成的純巧克力相比較，在品嘗了成品之後，將會發現有很大的不同喔！品質好的純巧克力應該可以聞得出巧克力香味，而且外表顏色呈棕色或深棕色；好的巧克力可以整齊的切開，而且沒有白色的雜質或小孔。包裝完好的巧克力，可保存在乾燥通風的室溫下，也可以冷藏或冷凍。使用冷藏或冷凍的巧克力時，是把預先分批密封包裝的巧克力，如1盎司包1份，連同包裝從冰箱取出，置成室溫後再打開包裝使用。

巧克力在加熱時，溫度不要超過45℃（120℉），太高溫會破壞其風味，所以融化巧克力時，最常使用隔水加熱法，利用鍋中熱水的熱度，來使巧克力達到融化的狀態。方法是先在鍋中裝入適量的水，煮至快沸騰後即保持小火，不必讓水一直沸騰，只需保持鍋中熱水的熱度；上面再放上裝入巧克力的容器。融化巧克力時不能沾到任何一滴水，否則會造成融化

■融化巧克力要用隔水加熱法。

的巧克力變得粗糙不平滑，所以要確定盛裝的容器及攪拌的器具保持絕對的乾燥。

巧克力切成均等的小塊，不但可以加速融化的速度，也可以達到較平均的融化狀態，可在容器中先抹上一層薄油，再置入切碎的巧克力，融化的巧克力較不易附著於容器中，也就較容易清潔盛裝巧克力的容器。待容器中的巧克力因熱度開始軟化時，就用耐熱的橡皮攪拌刀或木匙攪拌至均勻平滑，木匙很容易吸附水份，所以使用時以耐熱橡皮刀最為理想。等巧克力完全融化後，即可置於一旁冷卻備用。有一種叫 Double boiler 的煮鍋就很適合用來融化巧克力，但使用功能有限且價格不便宜所以只需使用

一般鍋子來隔水加熱巧克力。

除了使用隔水加熱法來融化巧克力之外，也可以利用微波爐融化巧克力，將切碎的巧克力放在微波專用的容器中，利用中火力加熱，並隨時注意巧克力加熱情形，只要外表看起來已軟化，就立刻取出攪拌均勻，如果仍有巧克力尚未完全融化，就以短時間再略為加熱，直至所有巧克力均勻融化即可，但牛奶巧克力和白巧克力，由於其中的牛奶蛋白質成份易焦，所以用微波加熱時更需特別注意。使用微波爐融化巧克力較為方便，但要以短時間多次攪拌來確保融化品質，才不會造成過度加熱巧克力的情形發生。

■巧克力好做又好吃。

■吉利丁片/吉利丁粉

凝固劑（Stabilized agent）

製作果凍或慕斯等類的甜點時，需要凝固劑來使成品定型。常見動物性的吉利丁（Gelatin）和植物性的吉利T（Jelly T ）兩種，吉利T是由海藻膠萃取而成，屬植物性粉狀明膠，適合製作果凍類的成品，且因其成份屬植物性，素食者可使用。而動物性明膠吉利丁則是經過加熱動物的骨骼、表皮或軟骨，其中的膠原蛋白質會濃縮轉換而成吉利丁，常見有粉末與片狀兩種形式。在台灣兩種形式均可買到，美國超市則較常見粉狀吉利丁。吉利丁常用於製作派或塔餡，以及需要冷藏的甜點，如慕斯（Mousses），無色無味的吉利丁可以搭配各式材料，做出滑嫩口感的凝固成品。但無論是使用粉末或片狀的吉利丁，均需先泡在冷水中使其軟化，再隔水加熱至完全溶解後才能發揮其功用。

雞蛋（Egg）

做為烘焙材料的雞蛋，適宜的大小約為60克左右，蛋殼佔總重量10～12%，蛋黃佔30%，而蛋白佔60%左右。挑選雞蛋要注要保存期限，並檢查表面是否有裂痕，買回來的雞蛋要儲存至冰箱冷藏，未使用前不要用水先清洗，要使用再清洗。在台灣雞蛋多置於室溫下販售，而在美國超市則規定必須置於冷藏櫃中，雞蛋依大小在包裝盒上有不同的標示，可分為小（S）、中

（M）、大（L）、超大（Extra-large
或Jumbo）等數種等級，通常食譜
要求的雞蛋大小為介於中間的大蛋
（L）等級。

烘焙香料與香精（Spice & Extract）

烘焙時經常使用香料來增添成
品的風味，香草豆（Vanilla
bean）、香草精（Vanilla extract）
或香草粉（Vanilla powder）是最
常用的香料種類，在台灣比較常見
到的為粉末狀的香料和濃縮的液狀
香料。無論選擇何種形式的香料，
注意包裝標示是人工合成或天然香
料，盡可能不要選用人造香料，雖
然純香料的價格比較貴，但卻會為
成品風味增色不少喔！

其餘比較常用的烘焙香料為杏
仁粉（Almond powder）或

■香草精

杏仁精（Almond extract）、肉桂
粉（Ground cinnamon）、丁香粉
（ Ground cloves ）、肉荳蔻
（Ground nutmeg）及薑粉（Ground
ginger）等。

乾燥香料要儲存在陰涼、乾燥
的地方，濕氣、光線和熱源都會使
香料較快失去香味，選擇適當的儲
存地方，可以讓香料的風味更長久
保存。不要存放在靠近爐子、烤
箱、微波爐或是冰箱附近。香料亦
不適合存放於冰箱的冷藏室中，因
為冷藏室中濕氣環繞，香料保存於
其中並不理想。

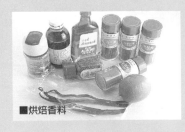
■烘焙香料

核果與水果乾
（**Nut & Dried fruit**）

核果的口感及本身香味，能為烘焙成品增色。杏仁（Almond）、

■杏仁

核桃（Walnut）、榛果（Hazelnut）、花生（Peanut）、松子（Pine nut）及開心果（Pistachio）等，是常見的烘焙用核果材料。核果本身富含油脂，所以購買時要選擇新鮮的產品，保存不當也很容易造成產品變質。杏仁及核桃是我常用的烘焙材料，我都是去量販店購買，產品品質較新鮮也較有保障，但相對來說，包裝量也就大於一般零售店，所以當包裝一旦開封後，我就會將核果密封保存於冷凍庫裡，可以延長保存的時間，核果也能保持很好的風味。

使用前取出所需的量，置成室溫後再烤香即可製作。

葡萄乾（Raisin）、棗乾（Date）、蔓越莓乾（Cranberry）及杏桃乾（Apricot）等水果乾，也是烘焙常用的材料，不但具有裝飾的作用，特殊的果香味亦能增添成品風味。果乾可能會因保存時間較長而變硬，在使用前可先嘗一下，如果果乾仍有風味但卻略為乾燥時，用溫水浸泡10分鐘後，濾掉水份並用紙巾吸乾表面，就可回復果乾大部份的口感及風味。也可以將果乾浸在果汁或酒中，不但果乾能回復柔軟，更多了一股特殊的香味。果乾必須密封保存於陰涼的地方，如一次購買較大量的果乾時，將未使用的部份密封冷藏保存，可延長果乾的新鮮度。

■乾燥水果

TWO.
烘焙小物大學問

漂亮的食譜書到處都有，電視上的烘焙教學節目可提供學習的好機會，廣闊的網海中更可找到許多實用的參考資訊；沒有正式拜師學藝的我，就是透過這些學習管道，加上實地的操作練習，漸漸在烘焙的世界裡，摸索出自己的一片小天地。

藉著一次又一次的失敗與成功的經驗中，我發現，相對於材料配方，較不受一般人重視的烘焙工具，其實更是烘焙成功的原因之一；選對了道具，才能做出好吃的糕點，你知道嗎？

雖然有琳琅滿目的烘焙器具可供選擇，剛開始接觸烘焙的朋友，不必心急地買齊所有的器具，只須先購買基本器具，待烘焙技巧熟練之後，再視需要添購較特殊器具。

烤箱 （Oven）

烤箱在西式烘焙中扮演了很重要的角色，市面上的烤箱種類繁多，選擇一台合適的烤箱，才能讓製作成品的成功率達到最高。

購買烤箱的考量

■烤箱

由於受限於居住空間，國內較不容易在廚房裡安裝西式大烤箱，但是基本上，在選購烘焙用烤箱時，仍必須考慮容量的大小，依預算及廚房的空間來決定，盡可能選擇容量稍大的烤箱，空間至少要可容納最基本的烤盤，以能放入8吋或9吋的烤盤為基本原則。烤箱內部的空間夠大，選擇食譜時較不易受到太多的限制，而且烘烤的時候也不容易因太接近熱源，而影響到烘烤的結果。

除了容量大小的考慮因素之外，選擇具備溫度設定的控溫鈕，也是重要的功能考慮因素。僅有時間設定功能、用來加熱食物的小烤箱，就不適合做為正式烘烤之用。除了溫度設定外，如有上下火分離設定功能，對於空間較小的烤箱來說，在使用時可更容易掌握烤箱的溫度。其他功能如透明玻璃烤箱門

設計及內部附有小燈，可供隨時觀察烘烤的情形，還有備有可供設定烘烤時間的計時器。可多比較幾種機型，或參考其他使用者提供的心得，來做為選購烤箱時的依據。

新烤箱的使用

　　購買了大小合適的新烤箱之後，可先確認烤箱的溫度準確度，因為就算是全新烤箱，溫度也不一定準確，可以準備一個烤箱專用溫度計來檢測。若沒有烤箱溫度計也無妨，在最初開始使用烤箱時，多注意一下成品烘焙的狀況，如果按照食譜要求的溫度，烤出來的成品顏色均過於焦黑，就可能是烤箱的溫度過高了，在下次烘烤的時候，就必須適當的調整降低溫度；如果烤箱溫度不平均，可能成品的顏色會左右不均勻，或是表面不熟而底部太焦，就可能需要中途將烤盤轉換位置，或是調整烤架的高度。仔細觀察幾次之後，就能更熟悉所購買烤箱的特性。

大型烤箱

　　相較於台灣的空間因素，在美國幾乎每家廚房裡，都有足夠的空間置入大型烤箱，所以在選購大烤箱方面比較沒有困難，西式大烤箱

■歐美廚房裡都有足夠的空間嵌入大型烤箱。

■具備定時及溫度設定的小烤箱，
方便烘烤少量食物。

的功能旋鈕有兩段設定：烘烤（Bake）及燒烤（Broil），另外還有溫度設定鈕。通常在烘焙糕點時先選定需要的溫度，再將旋鈕設定於Bake，因此西式大烤箱在烘烤時，整個烤箱僅有一個設定溫度，和有上下火設定的烤箱不太一樣。底部的熱源線在預熱時會產生熱度，經過足夠的預熱時間後，熱度會循環至整個烤箱，使烤箱達到所需要的熱度，也因為大烤箱的上下距離較大，比起空間較小的烤箱來說，較容易控制烘烤成品的色澤。我的廚房裡除了有必備的大烤箱之外，還準備了一個容量較小，但具備定時及溫度設定的小烤箱（Toaster oven），便於烘烤不需要用到大烤箱的少量食物，例如烤香核果或加熱食物等。

Q&A

Q 為什麼烤出來的成品總是顏色很深，甚至經常烤焦呢？

A 幾乎每個烤箱的溫度都可能有些誤差，如果成品顏色總是過深而且經常烤焦，就需要校正一下烤箱的溫度了。烤箱溫度誤差有時可到10℃（50°F）以上，會導致烤箱實際溫度，比設定的溫度高出許多，如此情形必然會造成烘烤成品顏色過深的狀況發生。此時可使用烤箱溫度計，測量出烤箱設定的溫度與實際溫度相差多少，在下次設定時就可以略做適度的調整。

烤盤（Baking pan）

市面上可見各種形狀的烤盤，剛開始接觸烘焙時，可先準備數種基本形狀的烤盤，例如矩形烤盤（Loaf pan）、圓形及方形烤盤（Round layer pan 或 Square pan）、淺平烤盤（Sheet pan）及杯型烤盤（Muffin pan）等，就應該足夠應付初學時的需求。

基本形狀的烤盤

矩形烤盤可用來烤吐司或水果蛋糕，圓形烤盤或方形烤盤可用於奶油麵糊類蛋糕，而依烤箱大小直徑準備的淺平烤盤，可用來烘烤餅乾及其他不限形狀的糕點。此外，再準備數個一組的杯形烤盤，可烘烤瑪芬或杯子蛋糕。有了這些基本形狀的烤盤，就可以開始進入烘焙的世界啦！等到技術熟練或視需要，再慢慢添購形狀及用途比較特別的烤模，如烤戚風蛋糕和天使蛋糕的空心模（tube pan）。

烤盤的種類

常見的烤盤有耐熱玻璃、鋁製及鐵弗龍不沾處理等材質，材質不相同的烤盤，因受熱程度快慢不同，所烤出來的成品也會有些許差異；**鋁製烤盤**適用於各式烘焙，價位也算適中，很適合初學者選擇。**玻璃烤盤**可直接看到成品色澤，清洗也相當容易，但加熱過的玻璃烤盤，要等到冷卻後再清洗，用冷水

■圓形模　　■淺烤盤　　■深平烤盤

直接沖洗熱度仍高的玻璃烤盤，容易增加玻璃破裂的機會。

　　鐵弗龍不沾處理的烤盤清洗容易，但要注意不要將烤盤表面的不沾膜破壞，要用耐熱塑膠或木質的器具，來取出烤盤中的成品，金屬類的器具會刮壞表面。烤盤在清洗後用布或紙巾擦乾水份，盡可能將縫隙裡的水份也擦乾，確定烤具完全乾燥後再收藏，避免烤盤生鏽。

　　台灣常見的的烤盤，由於受限於烤箱的大小，大小和美式的烤盤不太相同，台灣的尺寸略小於美式烤盤，如果所參考的食譜為美式規格，請盡可能找到大小及高度相近的烤盤來替代。

Q&A

Q 是不是所有材質的烤盤都適用於同樣的烤溫呢？

A 我平日所使用的烤盤包括有玻璃材質、經不沾處理的深色烤具及淺色的鋁製烤盤。深色及玻璃製烤盤導熱性較高，有時烤出來的成品顏色會較深，所以我在設定溫度時，會比食譜要求調低5℃（25°F），烤出來的成品顏色較為理想，不過，如果你使用深色或玻璃製的烤盤，但不覺得成品顏色差異太大，並不一定需要略為調低溫度，使用淺色的鋁製烤盤時，直接依照食譜要求溫度來設定即可。

攪拌器（Mixer）

一般適用於家庭烘焙的攪拌器，常見的形式有兩種，除了金屬網狀或螺旋狀的直立式打蛋器或螺旋打蛋器（Wire whisker）之外，另一種是電動攪拌器（Electric mixer）。

直立式打蛋器

常用於打發蛋白，也適用於一些比較不濃稠的材料攪拌，在電動攪拌器尚未問世的年代，打蛋器和木攪拌匙，就成為早期婦女在烘焙時的助力。幸運的現代烘焙者，除了打蛋器之外，還有電動攪拌器可分擔攪拌的工作。

■打蛋器

電動攪拌器

可分為桌上立型（Heavy duty stand mixer）及手持型（Hand-held mixer）兩種。桌上立型攪拌器又有兩種形式，一種是攪拌器可兩用，分離使用時是手持型攪拌，當固定在攪拌盆之上卻又變成立型攪拌器了；而另一種就是固定的立型攪拌器。

立型攪拌器比手持型攪拌器的馬力大，通常附有數種拌打器，有槳狀（Paddle）、網狀（Whip）及可攪拌麵糰的鉤狀（Bread hook）等形式，由於省時省力的功能特色，使得這類攪拌器的價格較高，

■桌上型雙缸攪拌器

體積及重量也比手持式攪拌器來得大且重,雖然這一型的攪拌器可以省力,但烘焙初學者對於攪拌的時間及情形掌握仍不熟悉時,也很容易造成過度攪拌的結果。

手持型的攪拌器比較輕巧,各機型依馬力及變速功能而有不同,基本上大部份手持型攪拌器並不適用於攪拌發酵麵包的麵糰,但對於一般的攪拌工作均能達到理想的效果。但仍有某些特別設計的機型,手持型攪拌器也可更換不同的拌打器,我現在所使用的一款KitchenAid五段變速手持型攪拌器,附有可攪拌麵糰的拌打器,對於攪拌一般份量麵糰的效果算是相當理想。

我喜歡以手工揉製麵糰,所以揉麵的工作不需要借助攪拌器,因此手持型的攪拌器,就足以應付其餘的攪拌工作啦!從我開始接觸家庭烘焙,我只使用過手持型攪拌器;建議初接觸烘焙者,可先選擇一台馬達速度設計較佳,及多段變速選擇的機型,一開始使用手持型攪拌器,較容易感覺並熟悉攪拌的狀況,可避免過度攪拌的問題發生,等到熟練掌握攪拌步驟及感覺後,如有需要再視空間及預算選購一台立型攪拌器。

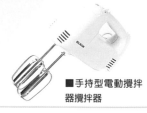

■手持型電動攪拌器攪拌器

■攪拌盆

攪拌盆 （Mixing bowl）

要把所有的烘焙材料混合在一起，當然少不了攪拌盆這個重要器具，攪拌盆依材質不同，常見有玻璃、不鏽鋼、陶器及塑膠等。可準備數個大小不同的攪拌盆組，視混合材料的份量選用合適的大小，高度不要太淺，以免材料容易濺出來。任何一種材質的攪拌盆均可用於攪拌，但由於塑膠製的攪拌盆表面容易殘留油脂，非常不適合用來打發蛋白。

量杯與量匙 （Measuring cup & Measuring spoon）

不同地區使用的標準量器，同樣1杯的份量有時不全然相同，有些量杯1杯的容量約為200ml，而有些容量約為240或250ml，所以如果食譜中指示使用「杯」為標準時，請仔細閱讀該食譜所指1杯份量為多少，才能準確地準備烘焙材料。

準備透明量杯來測量液體材料，將量杯平放於桌面上，以眼睛平視刻度來測量液體材料，量出來的份量才不會有誤差。可選用耐熱玻璃材質，如果測量的材料需要加熱，就可以直接放入微波爐加熱。

■量杯

測量乾性材料時選用刻度清晰的量杯，較易於測量出準確的份量，常見塑膠、鋁製及不鏽鋼等材質。另有一種類似量匙樣式的長柄量杯，依份量不同，共4～5個1組，有1杯、1/2杯、1/3杯、1/4杯、1/8杯等不同份量，可直接將所測量的材料挖入杯中，材料略高出杯緣再將材料輕輕刮平，就能輕鬆量出1杯或1/2杯等不同份量的乾性材料，這類型的量杯是我平常所用的形式。

　　測量份量較少的材料時需使用量匙，通常也是依份量不同數個1組，常見有1大匙（Tablespoon）、1/2大匙、1茶匙（Teaspoon）、1/2茶匙及1/4茶匙。可多準備幾組量杯及量匙，就不必在過程中一再重覆清洗的工作。

■量匙

■量匙和量杯

■各式溫度計

工作檯面
（Work surface）

　　雖然可用桌面或流理台當成烘焙時的工作檯面，但由於這些都是經常用到的區域，如每次烘焙前必須先將這些空間整理出來，並清潔至非常乾淨，可能會覺得不太方便，所以準備一個大小合適的平板，可選用木質、塑膠或大理石等材質，用來做為揉麵或揷平麵糰時之用。選擇重量稍微重一點的平板，或在底下鋪上一層防滑布，才不容易在工作時一直滑動，使用後洗淨表面的殘留材料，待完全乾燥後再收藏。

烹飪用溫度計
（Candy ther-
mometer）

　　烹飪用溫度計可用來測量需加熱的液體材料，例如油炸食物的熱油、做糖果時的糖漿，或是做發酵麵糰時的水溫，都可以利用這種溫度計測出合適的溫度。如果是常做手工麵包的烘焙者，建議準備一個烹飪用的溫度計，就能準確測量液體材料的溫度，更能確保每次發酵麵糰時，都能達到理想的狀態。

木攪拌匙和橡皮刮刀 (Wooden utensil & Rubber spatula)

木攪拌匙不容易刮傷器具表面，而且本身不易傳熱，不會影響到材料的溫度。在沒有電動攪拌器的時代，木製攪拌匙就是最實用的攪拌器。如果麵糊不是太濃稠，又不想清潔攪拌器的拌打器時，不妨就用木製攪拌匙來分擔攪拌的工作。

橡皮刮刀能將乾濕材料翻拌均勻，也可以將攪拌盆壁上的材料刮至中央。各式不同形狀的橡皮刮刀，握柄部份長短各有不同，橡皮部份也寬窄厚薄各異，材質除了一般不耐熱橡皮刮刀，也有耐高溫的材質可供選擇，在選購時請仔細閱讀耐熱說明。

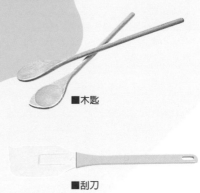

■木匙

■刮刀

擀麵棍
（Rolling pin）

擀平麵糰時少不了擀麵棍這個實用的烘焙工具，西式擀麵棍和中式的擀麵棍，在外型上不太相同。西式烘焙時常用的擀麵棍，在中段部份有較粗的滾筒，手握兩端較細的部份，來回滾動以完成擀平麵糰的工作，在重量上也比細長的中式擀麵棍重。除了常見的木質材料之外，還可見陶瓷或大理石材質的擀麵棍，但仍以選擇木質材料者為佳，比較不容易因碰撞而破裂。派皮或酥皮類的點心，不適合過度擀壓麵皮，以免將麵皮的筋性擀出來，所以選擇重量重一點的擀麵棍，可以較少的次數把麵皮擀平。配合工作桌面的大小，選擇長一點的擀麵棍，一次可以擀平較大的面積，也可以縮短擀麵的時間。我平常所使用的擀麵棍是中段滾筒約25公分長的木質擀麵棍，雖不是最重最長的形式，但用起來感覺很順手。

■網篩

■烤盤布/白報紙/烤盤紙

網篩（Sieve）

準備數個網眼粗細及直徑大小不一的網篩，可用來篩細材料，以避免有不均勻的顆粒。選用細網眼的網篩來篩細粉狀材料，如麵粉、可可粉、泡打粉或小蘇打粉等，網眼較粗的網篩可做為過濾之用，如果泥或醬汁等；亦可準備較小型的網篩，做為裝飾撒粉時之用。常見的網篩有碗狀及附有長柄兩種形式，材質多為金屬製。我除了有一般的網篩之外，還有一個附有活動把手的杯形網篩，按壓把手時就會帶動底部的活動機關，單手就可以篩細粉狀材料。

烘焙用紙（Baking paper 及 Aluminum foil）

烘焙用紙的主要用途，是用來防止成品沾黏於烤具上，也便於清潔烤具。常見的烘焙用紙有烤盤紙（Parchment paper或 Baking paper）及鋁箔紙（Aluminum foil），兩種均可達到防沾黏的功用。廚房蠟紙（Waxed paper）表面雖經過塗上一層石蠟的處理，同樣也具有防沾黏的功用，卻不適合高溫烘烤，沒有食物覆蓋的部份，會因加熱而產生怪味。我平常使用烤盤紙或鋁箔紙來防沾黏，而烤盤紙的價格比鋁箔紙略高。

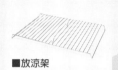
■放涼架

■倒扣架

冷卻網架 （Cooling rack）

　　冷卻網架的功用是將烤好的成品，置於架上待其冷卻，讓蒸氣不會凝結成水氣，避免烤好的成品因水氣而變形或濕軟。可將剛出爐的餅乾或蛋糕，從烤箱取出後先置於架上，使其靜置數分鐘定型，再將蛋糕成品從烤盤倒扣取出，或是將餅乾用平鏟鏟起，置於冷卻架上使其完全冷卻，這是成功烘焙最後一個重要的基本工具。冷卻網架的形狀常見有長方形及圓形，網架疏密的程度各有不同，也有各種大小不同的尺寸，除了一般不鏽鋼材質之

外，也可見經過防沾黏處理的冷卻網架，能保持成品的外形及更易於清潔。如果家中收藏空間足夠，可買尺寸大一點的冷卻架，便於放置尺寸較大的成品。

　　除了一般冷卻網架之外，蛋糕倒扣架則是另一個實用的器具。又稱為蛋糕叉，適用於需在烤盤中完全冷卻再脫模的乳沫類蛋糕，蛋糕出爐後將底部的架腳叉入蛋糕中，再將蛋糕連同烤盤反轉，靜置至蛋糕完全冷卻。善於運用倒扣架可防止蛋糕收縮變形，只要是固定底的模型，無論中空或實心都適用。

其他器具（Miscellaneous baking equipment）

除了上述重要的基本工具之外，還有一些很有用的器具，同樣也能幫助你完成烘焙成功的目的，可視需要添購，成為你的廚房小幫手。

材料秤 （Kitchen scale）

如果烘焙者經常使用的食譜，所需材料均以重量單位計算，就需要準備一個可以測量出較微量單位的秤。常見的種類為彈簧秤及電子秤，電子秤測量時較為方便準確，但價格就比一般彈簧秤來得高。

滾輪刀 （Wheel cutter）

這種滾輪刀除了常用來切披薩之外，也可用來切割出邊緣整齊的麵皮，有各式大小不同的滾輪刀可供選擇，常見的滾刀為平滑刀刃，但也有波紋狀的刀刃，可切出邊緣為波紋狀的成品。

■計時器

軟毛刷 （**Pastry brush**）

可用來刷掉成品表面，或工作檯面多餘的麵粉，也可用來塗刷增加成品色澤的材料，例如蛋汁或牛奶。可準備數枝寬度長短不一、易於清洗且不容易脫毛的毛刷，以適用於不同的需要。如果毛刷沾過奶油或蛋汁，要用洗潔精及熱水盡量將毛刷內的殘存物洗淨，甩乾毛刷的水份，並晾至完全乾燥再收藏。

計時器 （**Kitchen timer**）

時間控制是烘焙時很重要的要求之一，有些烤箱本身附有計時器，可以直接設定烘烤時間；但如果烤箱沒有附計時器時，不能用看著時鐘的方式來計時，因為可能一忙就會忘了烤箱裡有成品在烘烤，此時就需要另外準備一個計時器，除了可用來計算烘烤時間之外，也可用來控制攪拌或揉麵的時間。常見的形式有發條及電子計時器，外型也有許多不同的變化，除了一般傳統的方形之外，也有許多造型多變的計時器，除了本身的計時功能

之外，也多了一個裝飾廚房的額外功用喔！

噴霧式烤盤油（Non-stick cooking spray）

可噴在未加熱的烤盤上防沾，或噴在未烘烤或烘烤好的成品上。因其本身採噴霧設計，搖勻之後距離烤盤或成品15至20公分，即可在表面噴上均勻的油霧，使用相當方便，但噴的時候要遠離熱源處以免造成危險。這種油脂常以植物性油脂為主要原料，並添加從黃豆中萃取出來的卵磷脂，這個原料的作用就是用來防沾黏，另外還添加了其他原料，使原本液態的油脂，可以噴霧狀形式使用。

■烤盤油

擠花袋和擠花嘴（Pastry bag & Pastry tip）

塑膠材質的三角形袋子，可裝入鮮奶油或糖霜來裝飾蛋糕或其他甜點，也可以裝入較不濃稠的麵糊，擠成各式小西點或餅乾。有各式形狀的擠花嘴，可配合擠出不同線條或形狀。

■擠花袋/擠花嘴

■西點刀

西點刀 （Knife）

可準備長形的薄刃鋒利刀子，長度約15〜20公分為佳，可用來切蛋糕或其他西點，準備長形鋸齒刀用來切烤好的麵包及某些蛋糕。我的廚房裡除了準備一般的西點刀之外，另外還有一把電動刀，可以切出刀口整齊的吐司麵包。

切麵刀 （Dough scraper）

切麵刀可用來切割麵糰，或在揉麵時刮起工作檯面上的麵粉及麵糰，常見形式為不鏽鋼材質及塑膠材質，有些是

■切麵刀

整體為不鏽鋼材質，有些握柄處為塑膠材質或木質，重量則有輕重不同，選擇一個握起來最順手的切麵刀即可。

奶油切刀 （Pastry blender）

當需要拌合奶油與麵粉時，可使用奶油切刀來輔助，握住把手向下壓切，利用數條平行U形金屬之間的空隙，就能把奶油和麵粉混合切成均勻的顆粒狀，奶油需先切成小塊再加入麵粉中，較易於將所有材料混合均勻。

■奶油切刀

THREE.
打開烘焙的大門

我盡最大的努力整理出心得，希望新朋友在踏出烘焙的第一步時，不致於感到緊張與害怕，實不敢居於教學的地位。

如果你想要進入烘焙世界，就請你把這本書當作一扇門，當你推開門走進烘焙世界，或許過程中會有失敗，但是當你愈走愈深入時，門裡的世界將會帶給你充實的生活樂趣哦！

決定開始嘗試烘焙

「用嚴肅的態度面對烘焙，讓烘焙輕鬆進入你的生活！」看了這句話或許你會感到疑惑，為何烘焙是件嚴肅卻又輕鬆的事呢？當你在準備材料、器具及閱讀食譜時態度要嚴肅；但是當你仔細照著食譜，把所有材料混合好送入烤箱之後，就別再擔心成品是否完美，這時候你該輕鬆等待成果啦！突然心血來潮想烤個成品，翻箱倒櫃發現少了幾樣材料，手邊沒有符合食譜要求的烤盤，或是食譜隨意瀏覽一遍就開始動手，以隨興的態度來面對烘焙，烤出失敗成品的機率也會很大喔！

烘焙的過程需要較長的時間，從仔細閱讀食譜開始，到精確的準備材料及器具，再按食譜的步驟製作，才能夠得到最後的甜美果實。

不必一開始就心急地選擇難度較高的成品，可以先嘗試較簡單的基本食譜，建立自己的信心及經驗，並且多吸收相關的技巧，雖說沒有正式拜師求藝，在家也可以把基本功練紮實喔！「工欲善其事、必先利其器」，決定開始嘗試烘焙時，材料及器具就得先準備齊全，既然是從簡單的食譜做起，就從最基本的器具及材料開始準備，不要興沖沖地買了許多特別的器具及材料，到最後都成了「收藏品」，白白浪費了許多時間及金錢喔！

■選擇做法說明詳盡的食譜，
是烘焙成功的第一步。

準備進入烘焙世界

準備動作

1. 選擇做法說明詳盡的食譜

　　有成千上萬的食譜可供選擇，
或許你會先以書中所附照片來做為
選擇食譜的方向，但如果食譜做法
不夠詳細，一個烘焙新手是不太容
易做出和照片上一樣美觀的成品！
所以，在烘焙前應盡可能選擇做法
說明詳盡的食譜，並先把食譜從頭
到尾仔細看過，再照著食譜的步驟
進行，千萬不要急著想看到成果，
當你心急時，成品也容易令你灰
心，所以耐心及細心也是烘焙的重
要元素。

2. 將所有材料準備齊全

　　照著食譜將材料秤量好備用，
並將乾、濕材料分開，千萬不要等
到要混合攪拌時，才開始拿著量杯
量匙找材料，如此很容易遺漏材
料，並延長混合材料的時間，這些
都是會影響成品品質的原因。量少
的材料，如香精、泡打粉、小蘇打
粉和酵母、糖、鹽等，我習慣把測
量好的份量先用小碗分開裝好，雖
然多了一些清潔的時間，但較不容
易遺漏任何材料。

　　如果食譜沒有特別註明材料要
保持低溫，請將所有材料提前從冰
箱中取出，放置成室溫後再使用，
較容易將材料混合均勻，尤其是奶

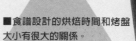
■食譜設計的烘焙時間和烤盤大小有很大的關係。

油及蛋，攪拌不均勻會影響烘焙結果。

3.預熱烤箱溫度

準備一個大小及功能合適的烤箱，是成功烘焙的重要因素。盡可能選購容量大一點的烤箱，而且一定要有溫度設定功能，僅供加熱的小烤箱不適用於正式的烘焙。如果烤箱附有分層設計，請先置於中間的烤架上，或置於離熱源最平均的位置，避免某一面離熱源過近，產生烘烤不平均的現象。

除非食譜特別註明不必先預熱烤箱，否則請務必預熱烤箱10分鐘以上，大型烤箱15～20分鐘更理想；材料一旦攪拌均勻後，須盡快放入已預熱烤溫的烤箱中，以免材料中的膨大劑在室溫中就開始產生變化，等到放入烤箱時，已失去原有的活力而影響成品。

4. 依照食譜指示準備烤盤

食譜設計的烘焙時間和烤盤大小有很大的關係，所以請依照食譜指示準備烤盤。用了較大的烤盤，同樣時間所烤出來的成品，外型會變薄且內部會太乾，用了太小的烤盤，同樣時間烤出來的成品，又會變得太厚且內部不熟；不同大小的

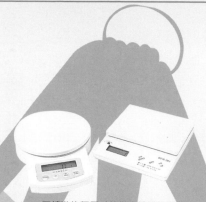

■精準的秤量才能做出精緻的西點。

烤盤，所需要的烘焙時間不一樣，稍不注意就會發生烘烤不足或過度的情形。在烘焙技巧尚未熟練時，任意增加或減半食譜份量，同樣也可能會產生烘焙結果不均勻的情況。

精確的秤量是成功關鍵

麵粉是烘焙時最常使用的材料之一，麵粉份量準確才能做出理想的成品，如果參考食譜的麵粉部份是以重量計算，請使用刻度精密的電子秤來測量材料。而我是以美式食譜製作成品，大部份的美式食譜均採用「杯」為單位，所以標準量杯是美式食譜最重要的工具之一。

用量杯量麵粉前先將麵粉輕輕攪鬆或篩過，再將所需要的份量挖入杯中，並用筷子或刀背把量杯口多餘的麵粉抹平，只要輕輕刮過量杯口，不要搖晃或震動量杯，也不要用力緊壓麵粉，如此所量出來的麵粉份量，會比較準確且不容易過量。低筋麵粉或蛋糕類麵粉，最好是先篩過數次再使用，更能確保做出質地細膩的糕點。

在準備甜味材料時，如食譜以重量為單位時，同樣需要使用電子秤來準備材料。但如採用食譜是以

「杯」或「匙」為單位時，測量白砂糖的方式和量麵粉類似，將砂糖挖入量杯中並抹平杯口多餘的白砂糖，不必搖晃或緊壓砂糖。

測量黃砂糖時需稍微緊壓量杯裡的材料，因為黃砂糖中含有糖蜜，所以體積較白砂糖膨鬆；而且黃砂糖比較濕潤容易結塊，在測量前要先過篩或將結塊的部份弄碎，一來份量較不易過量，二來在攪拌時較為均勻；糖粉很容易結塊，在秤量前也要先過篩。

在測量液狀甜味材料時，例如蜂蜜或玉米糖漿等，請把濃稠的材料倒入量匙中，而不要直接用量匙去挖材料，因為量匙背面會沾上糖漿。可在量匙內部表面抹上一層油再倒入材料，就能輕鬆倒出所有的材料，而不會有材料殘留在量匙中了。

小蘇打粉最好先和乾性材料一起篩過，以確定小蘇打粉不會因結塊而導致混合不均勻，因為小蘇打粉如果沒有均勻混合，會使成品變黃並改變味道，甚至有時還會產生苦味。

烘焙時經常使用核果為材料，可先將生核果平鋪於淺烤盤中，放入預熱至175℃（350℉）的烤箱中烘烤5～10分鐘，中途略為翻拌

果仁避免烤焦，待冷卻後更能增添核果的脆度及香味。

TIPS

測試泡打粉、小蘇打粉是否仍有效的方法。

　　小蘇打粉和泡打粉是常用的膨大劑，使用品質新鮮的膨大劑，成品才能達到理想的膨脹程度，須隨時檢查是否過期。

　　測試泡打粉可在1/4杯熱水中，加入1/2茶匙的泡打粉，如果立刻產生許多活躍的氣泡，就表示泡打粉仍新鮮有效。

　　將3湯匙的白醋，倒入裝有1茶匙小蘇打粉的容器中，如果同樣也產生活躍的氣泡，那麼所使用的小蘇打粉仍具有效力。

■粉類材料都要過篩後再秤量比較精準。

蛋糕（Cake）

雖然很容易在麵包店裡買到各式蛋糕，但是當親朋好友生日時，親手做個蛋糕當成禮物，那將是一種多麼特別的感覺啊！蛋糕所扮演的角色可以豪華，也可以平實，精心裝飾過的生日蛋糕能讓特別的日子增色不少；清爽不甜膩的素面蛋糕，能讓每一天都甜美幸福。

蛋糕的麵糊

奶油麵糊類蛋糕（Butter cake）

　　成品的內部組織緊實且平均，可保存於室溫中數天不變味，許多美式蛋糕均屬此類。通常製作這類蛋糕時，必須先將軟化的奶油和糖攪拌均勻，在「糖和奶油攪拌」這個步驟，是直接以糖的結晶顆粒拌入奶油中，此時會產生許多微小氣泡，這些小氣泡會在蛋糕麵糊遇熱時才釋放；再加上材料中的膨大劑，如泡打粉或小蘇打粉等，使得這些小氣泡略為擴大，等拌入麵粉及其他材料成為麵糊時，入烤箱經過烘烤就會膨脹定型，這個步驟即是使這類蛋糕組織緊實且不易變形的原因。

■許多美式蛋糕都屬於奶油麵糊類蛋糕（林舜華製作）。

　　除了先將糖和奶油一起打發，再加入其他材料的傳統方式之外，還有另一種也很常見的美式攪拌方式，不需要將糖和奶油先打發，而是將全部材料加入攪拌盆中一起混勻，這種方式比傳統攪拌方式來得簡單省事，而這兩種方式做出來的蛋糕成品，在口感及組織上則不完全相同。

乳沫類蛋糕（Foam cake）

　　和奶油麵糊類蛋糕最大的不同，乳沫蛋糕的膨脹因素不是靠膨大劑，而是靠打發的純蛋白，或是分開打發的蛋黃及蛋白，這類蛋糕有些完全不含油脂，有些則含有部份油脂，但油脂的份量不會影響其

■戚風、海綿和天使蛋糕都屬於乳沫類蛋糕（金一鳴製作）。

膨脹情形，僅是為了增加其柔軟及濕潤性。

低脂類蛋糕（**Low-fat cake**）

這類蛋糕所使用的油脂，和一般蛋糕有些不同，常使用果泥和液態油，來取代部份的奶油。液態油和麵粉結合，使得蛋糕組織濕潤柔軟，而果泥所產生的果膠，對於麵糊中因膨大劑所產生的氣泡，形成一種類似保護膜的功用，可穩定蛋糕的組織及外型。

蛋糕的種類

常見的奶油麵糊類蛋糕，依照奶油在蛋糕材料中的份量，可分為重奶油蛋糕及輕奶油蛋糕兩大類，

其中以**磅蛋糕**（Pound cake）為重奶油蛋糕的代表，國內也有叫布丁蛋糕。磅蛋糕的名稱是由材料的份量而來，早期製作磅蛋糕時，是使用各1磅的奶油、蛋、麵粉及糖，且不含任何膨大劑，攪拌好的麵糊常以矩形烤盤來烘烤。今日磅蛋糕的配方，在奶油的部份早已少於傳統配方的份量，但相較於其他奶油麵糊類蛋糕，磅蛋糕的奶油還是相當可觀，也因此磅蛋糕有其特殊的風味及口感。

除了磅蛋糕之外，大部份的奶油麵糊類蛋糕均屬於輕奶油蛋糕，雖然其風味不似重奶油蛋糕濃郁，但可用不同的材料來變化口味，仍是美式家庭烘焙蛋糕時最普遍的選

■磅蛋糕有著濃郁的奶油香味（賴淑萍製作）。

擇。這類蛋糕採用泡打粉及小蘇打粉等膨大劑，來幫助蛋糕在烘烤時膨鬆定型，因此更能確保蛋糕膨脹後的體積，所以這類蛋糕也是新手的最佳選擇。

乳沫類蛋糕包括**天使蛋糕**（Angel food cake）、**海綿蛋糕**（Sponge cake）和**戚風蛋糕**（Chiffon cake）。天使蛋糕及海綿蛋糕均不含油脂，天使蛋糕全以蛋白打發，而海綿蛋糕則是將蛋黃及蛋白分開打發。戚風蛋糕和海綿蛋糕很類似，最大的不同是材料中含有液態油脂，也因而使得戚風蛋糕，有著比海綿蛋糕更細緻、更濕潤且不易乾硬的特性。

蛋糕的烘焙

準備材料

1.奶油

奶油是烘焙蛋糕時常用的材料，尤以奶油麵糊類蛋糕為代表；所使用的奶油必須先置成室溫，才容易和其他的材料完全混合。軟化的奶油摸起來應該不會太冰，用手指輕壓表面會留下指痕，但奶油本身仍能維持外型，不能產生油脂滲出的狀況。每個廚房的室溫高低不一，軟化所需時間亦不等，如果想快一點讓奶油回溫軟化，可將奶油切成小塊，讓較多表面接觸到室溫，可以縮短等待的時間。

盡可能不要用加熱的方式，因為一不小必就會融化；如果忘了提

■天使蛋糕可算是卡洛里含量最低的蛋糕了（金一鳴製作）。

■戚風蛋糕加入沙拉油，所以口感細緻、濕潤（金一鳴製作）。

前取出，可用微波爐以低火力、短時間略為加熱，千萬注意不要加熱過度，如果真的不小心加熱過度，奶油已開始呈融化狀態，就只能再取用另一份新鮮的奶油囉！融化的奶油雖可放回冰箱，使其回復至固體狀態，但是奶油一再解凍回凍會影響品質，為了避免這種情況發生，還是別忘了提早取出，讓奶油以自然方式軟化。

為了確保奶油達到理想的溫度，有時我會使用數據式的溫度計（Instant read thermometer），將金屬感應尖端插入奶油中，如溫度達到15～20℃（60～70℉）之間，則確定奶油已軟化回溫。

■ 準備新鮮的雞蛋，更能確保成品的品質。

2.雞蛋

新鮮的雞蛋同樣也需要先從冰箱取出，放置成室溫再使用；較省時間的方法，是將雞蛋浸泡於溫水中5～15分鐘，水的溫度不能過高，待雞蛋摸起來感覺不會太冰即可使用。雞蛋在烘焙中扮演了相當重要的角色，能幫助成品膨鬆成型，更影響成品的質地、色澤及風味，準備新鮮的雞蛋，更能確保成品的品質。雞蛋使用前置成室溫較容易打發，也較容易和其他材料攪拌均勻。

TIPS
測試雞蛋是否新鮮

盆中裝水放入雞蛋，不新鮮的雞蛋會浮上水面，新鮮的雞蛋則會沉入底部。

3.糖類

蛋糕中的糖類材料除了能帶給蛋糕甜味，也是讓蛋糕組織柔軟的重要因素，如果使用的糖有結塊情形，請先篩過再使用，以確保混合均勻，而且選用顆粒結晶較細的砂糖為佳。

4.麵粉

中筋或低筋麵粉都能做出理想的蛋糕成品，但組織較細緻的蛋糕，用低筋麵粉口感會更理想。麵粉要先篩過再使用，份量要準確，過量的麵粉會影響蛋糕的膨脹狀況。

攪拌材料

蛋糕材料混合是否完全，直接影響到成品的結果；剛開始學習烘焙蛋糕，會有混合不理想導致成品不佳的情形發生，不過不要灰心，多試幾次，就能掌握攪拌的技巧。

■奶油及糖攪拌混合

先將軟化的奶油切成小塊置於攪拌盆中，不要用太小的攪拌盆，一來材料容易飛濺出來，二來材料也沒有混合的空間。以電動攪拌器來攪拌奶油及糖較省力，如果用手工攪拌，需準備一支木匙，先以木匙將奶油均勻壓軟，壓至奶油容易攪拌的軟度，再慢慢加入糖攪拌至鬆軟。

如果用手持型攪拌器，就先以低速攪拌奶油30秒，再加入糖以中速或中高速繼續攪拌至鬆軟，時間視奶油及糖的份量而定，將糖以一

次一湯匙均勻撒在表面，較易和奶油攪拌均勻，每加入1湯匙約攪拌30秒。

　　用桌上立型攪拌器，因馬力較大，要比用手持型攪拌器的攪拌時間短一點。無論使用何種器具攪拌，需隨時注意攪拌的狀況，當奶油顏色變淺且達鬆軟程度時，就可以停止攪拌動作。過度攪拌會造成奶油和糖凝結，且奶油會融化滲出；此時的補救方法，就是把奶油放回冰箱冷藏，讓已融化的奶油回復理想的攪拌狀況。

■加入蛋

　　當奶油和糖攪拌均勻後，就要加入蛋一起攪拌。蛋以一個一個分開加入為宜，而且最好先把蛋打在容器中，再一個一個加入，如此可避免碎蛋殼混入材料中的情形發生。用桌上立型攪拌器，蛋白及蛋黃可直接整個加入；如果用手工攪拌或手持型攪拌器，可先將蛋白及蛋黃略為打散再加入，以增加蛋在蛋糕中膨脹的能力。為避免過度攪拌，加入蛋之後攪拌至均勻即可，通常1個蛋攪拌30秒至1分鐘，應能達到均勻的狀態。

■加入乾性材料及濕性材料

　　待奶油、糖及蛋攪拌至理想的程度後，就可以加入先前混合好的乾性材料，通常是麵粉及膨大劑，以及濕性材料如牛奶，以乾性材料→濕性材料→乾性材料→濕性材料→乾性材料的交錯順序加入為佳。

■打發奶油。

加入材料後以慢速攪拌，這個步驟可用橡皮刀以手工攪拌，比較不容易過度攪拌，如果用電動攪拌器就要稍微留心攪拌時的情形，以免攪拌過度前功盡棄喔！

打發蛋白或蛋黃的分蛋打法步驟

對乳沫類蛋糕來說，蛋白打發相當重要，蛋糕是否能理想地膨脹就靠這一步了，蛋類一經打發必須盡快使用，因為停留的時間愈久，蛋的膨脹能力就會逐漸消失。

打發蛋白的容器不能有任何油脂，不要用容易殘留油脂的塑膠製攪拌盆，而鋁製材質遇酸性物質容易產生變化也請避免使用。以黃銅製攪拌盆的打發效果為佳，但價格較其他材質的攪拌盆高出許多，通常需至專業烘焙店才能找到，一般家庭烘焙者可選用不鏽鋼材質，而玻璃或陶製攪拌盆也可用來打發蛋類。攪拌盆不能太小、太淺，以免打發的材料沒有空間膨脹，因為理想的打發蛋白甚至可膨脹至原來的8～9倍以上。

準備兩個乾淨沒有油脂的攪拌盆，手要洗淨，避免任何油脂殘留，為確保器具及手完全沒有油脂，可先將容器及手用白醋擦一遍，再用清水沖洗，並用乾淨的紙巾擦乾。蛋處於低溫狀態時，較易分開蛋黃及蛋白，先將蛋殼用刀或在桌面輕敲，從裂痕處將蛋殼分開，讓蛋黃停留在手掌上，蛋白就

■分蛋器可以很容易
分開蛋黃及蛋白。

會從指縫中流至攪拌盆中，再將濾去蛋白的蛋黃置於另一個攪拌盆中。

在分開蛋黃及蛋白時要注意，準備用來打發的蛋白中，不能有任何一點蛋黃混入，如果不小心把蛋黃混入蛋白中，請務必要換新的蛋重來一次。

另一個分開蛋黃及蛋白的方法，是將蛋黃在兩半蛋殼中來回滑動，讓蛋白從蛋殼流至碗中，但有時蛋殼的裂口尖端，容易把蛋黃刺破，可能導致蛋黃混入蛋白中。所以我習慣採用第一個方式，手掌畢竟比蛋殼軟柔平滑，較容易避免蛋黃混入蛋白的情形發生。有一種專用的分蛋器（Egg separator），可以很容易分開蛋黃及蛋白。無法準備也無妨，用手來分開蛋黃及蛋白就夠了。

■打發蛋黃

雖不像蛋白可增加相當大的體積，但在打發的過程使空氣進入其中，足夠的打發時間亦可讓蛋黃的體積增加，用高速打發蛋黃約3～5分鐘不等，如食譜需要加入糖一起打發時，請將糖一點一點慢慢加入，不要一次全部加入，而且加入時從邊緣加入，打發至顏色呈淺黃色，蛋黃變得十分濃稠時，將攪拌器輕輕提起，蛋黃呈水柱狀且可保持約10公分長而不斷，就應該達到理想的打發程度了。

■打發蛋白

　　打發蛋白是新手最需要練習的課題。蛋白呈室溫狀態較容易打發，為避免打發好的蛋白因等候太久而扁塌，失去使蛋糕膨脹的能力，待其他材料混合好之後，再開始打發所需的蛋白。一旦開始打發蛋白，請盡可能一氣呵成，中途不要有長時間的中斷。

　　打發蛋白時常會添加塔塔粉，使打發的蛋白能更穩定，如果無法準備塔塔粉，可用新鮮的檸檬汁或白醋來替代，但成品中可能會帶有檸檬汁及醋本身的味道。如果使用銅製攪拌盆，則不宜加入任何酸性物質。

　　將蛋白置於攪拌盆中，可用手提電動攪拌器，或直立式打蛋器攪拌，先以中低速至中速開始攪拌，蛋白會開始呈泡沫狀，此時加入塔塔粉和少許鹽，繼續以中速至中高速攪拌，攪拌至顏色變得不透明，而且開始呈現固體狀，蛋白向上膨脹隆起；此時開始慢慢從邊緣加入白糖，不要直接將糖從正中央倒入，以免破壞蛋白的打發。經此步驟，蛋白會變得光滑柔軟；當輕輕將攪拌器提起時，蛋白隆起的尖端尚不能維持固定的形狀，此時蛋白已至第一階段的打發狀態（Soft peak）。加入糖能更穩固打發的蛋白，也能使打發的蛋白光亮平滑。

　　繼續以中高速打發至蛋白堅固平滑且有光澤，當將攪拌器提起，

■濕性發泡、乾性發泡、打發過度。

蛋白尖端固定但仍會彎曲，此時即為**濕性發泡**（Firm peak）。接著打發直到蛋白堅固有光澤，提起攪拌器時蛋白尖端能維持形狀而不彎曲，即可停止攪拌，因為蛋白已到達**乾性發泡**（Stiff peak）階段。如果再繼續打發蛋白，蛋白就會開始變乾而沒有光澤，而且還會變成破碎的小團，而不是原來的一大團，此時就已過度攪拌了。注意打發蛋白時每階段的變化，因為從理想到過度的打發狀態，可能就在一線之間，一不小心就會前功盡棄喔！

要將打發蛋白拌入麵糊中，或是將乾粉材料拌入打發的蛋白中時，盡可能選用最寬的橡皮刀，因為橡皮刀的面積愈大，一次能攪拌的量也較大，蛋白麵糊要攪拌均勻，次數愈少愈不容易破壞其膨脹能力。如將蛋白拌入麵糊中時，先少許拌入，使較濃稠的麵糊變得鬆散，接著再將剩餘的蛋白分成三等份，拌入麵糊中直至看不到任何蛋白；在攪拌時將蛋白置於麵糊的中央，將橡皮刀從中央插入，把底部的麵糊輕輕翻至上方，均勻轉動攪拌盆再重覆翻拌的步驟，直至全部材料攪拌均勻為止，攪拌時動作盡量要輕，千萬不要用力旋轉或拌打。如將乾粉篩入打發的蛋白中時，亦採同樣的方式翻拌，翻拌至蛋白中完全看不到任何乾粉為止。

■噴烤盤油於烤模上可防沾黏。

準備模具和烤盤

烤盤的前置準備依照蛋糕類型而有不同，通常烤奶油麵糊類蛋糕時，烤盤可抹油脂防沾黏，但像天使、海綿、戚風蛋糕等乳沫類蛋糕，烤盤就不需要抹油。為了防沾黏，可直接在烤盤上抹油，並沾上一層均勻的麵粉，而如果烤巧克力口味的蛋糕，可用可可粉來替代麵粉，才不會因白色的麵粉影響成品的外觀，且更能增添巧克力的風味及色澤。

準備適量的軟化奶油或白油，如烤盤尺寸較大則需要較多的油脂，將油脂分成小塊置於烤盤內部，用軟毛刷將油脂均勻刷開，每個角落都要刷均勻，尤以烤盤有花紋設計時，更要仔細刷遍每個縫隙。使用奶油風味較佳，但使用白油較易於塗抹。接著用小型的網篩將中筋或高筋麵粉，均勻撒在沾了油脂的烤盤中，輕輕轉動烤具使內部每處都均勻沾上麵粉，再倒扣並輕拍烤盤，將多餘的麵粉拍掉。油脂一定要先抹均勻再撒上麵粉，以避免烤好的蛋糕表面，產生麵粉和油脂所形成的明顯塊狀。我平時常利用噴霧式的油脂來準備烤盤，如使用噴霧式油脂，就不必在烤盤上撒粉了。

也可將烤盤抹上油脂，再鋪上烤盤紙來烘烤蛋糕，更確保在脫膜時外型不受破壞，並可避免蛋糕過

■在杯形烤盤裡鋪上紙烤杯，可大大節省作業及清洗時間。

度烘烤；或使用較易鋪於烤具上的鋁箔紙，再抹上油脂便於烘烤完成後的清理工作。

烘烤杯子蛋糕時，可在杯形烤盤鋪上紙烤杯（Baking cup），便於烘烤完成時取出。烘烤乳沫類蛋糕的烤盤雖不需要抹油，但仍可以花些時間在烤盤底部鋪上烤盤紙，脫膜時較易保持外型，最好不要使用經防沾黏處理的烤具來烤乳沫類蛋糕，蛋糕麵糊才能穩固地附著在烤盤邊緣，不會因為不沾表面而向下滑，如此烤出來的成品才能有理想的膨脹狀況。

填入麵糊

蛋糕麵糊攪拌完成之後，立刻倒入準備好的烤盤中，不要倒入太滿的麵糊，約至烤盤的1/2高度較為理想，讓蛋糕有向上膨脹的空間，這也是為什麼不要用較小的烤盤來替換的原因，麵糊沒有空間向上膨脹，就只能溢出烤盤外，而且中央部份也較不易烤熟。

在台灣，由於受限烤箱空間的因素，常見的圓形蛋糕烤盤高度較高（約3吋左右），可一次烘烤所有的麵糊，待烘烤完成後再從側面橫切，裝飾成夾層的蛋糕。在美國常見的烤盤高度較淺（約1 1/2吋），所以美式家庭烘焙常以1個以上的烤盤同時烘烤，可省去切開蛋糕的步驟；但如採分盤烤法時，須填入份量相同的麵糊，才不致於因厚薄不均而影響成品結果。利用湯匙或杓

子將麵糊平均挖入烤盤中，會比直接將麵糊倒入烤盤中來得準確，或將烤盤置於秤上，量出相同重量的麵糊。

如果麵糊較稀薄，倒入烤盤後再略為傾斜烤盤，使麵糊均勻流滿盤中，如果是較濃稠的麵糊，需要用抹刀或湯匙背面抹平表面，並要確定烤盤角落也填滿麵糊，烤出來的蛋糕外型才會較完整美觀。奶油類麵糊中如有氣泡，可輕震烤盤數次將氣泡去除，不要太用力，也不要震動太多次；而乳沫類麵糊則請用攪拌用的橡皮刀，輕輕插入麵糊中把氣泡除去，再把表面抹平。

預熱烤箱

預熱烤箱是蛋糕烘烤能否成功的因素之一，烤箱至少必須預熱10～15分鐘；將所有材料準備好，就先設定烤箱的溫度，再開始攪拌蛋糕麵糊，待攪拌完成就可入烤箱烘烤了。請讓預熱好的烤箱等待麵糊，而不要讓麵糊等著烤箱預熱喔！烘烤時請置於熱源中央，以避免不平均的烘烤，如果烤箱容量夠大，可同時放入兩個烤具時，請將兩個烤具之間，空出至少2.5公分以上的距離。

檢視成果

一般食譜指示的烘烤時間通常介於長短兩個時間之間的，如15～20分鐘。請先設定較短的時間，因每個烤箱的溫度不完全一致，檢視之後如尚未烘烤完成，再延長烘烤

時間，如果一開始就設定較長的烘烤時間，可能會造成烘烤過度。雖然設定了烘烤時間，但是當你聞到蛋糕香味時，即表示相當接近烘烤完成時間，此時就要開始注意蛋糕的烘烤情形囉！除了香味之外，當淺色蛋糕的表面開始呈金黃色，或輕按蛋糕表面已有彈性時，都可以做為蛋糕是否烘烤完成的依據。

除了上述的參考準則之外，檢視蛋糕成品較準確的方式，可使用長度足夠深入蛋糕的底部的竹籤，如烤肉用的竹籤；插入蛋糕中央，取出後不沾任何生料，蛋糕就應該烘烤完成了。除了可用竹籤之外，在材料行也可以找到金屬材質的測針（Cake tester），但某些油脂份量較多的麵糊，不是很容易附著在這種金屬製的測針上，因此可能會造成蛋糕中央未熟透，但測針上又沒有沾上麵糊的情形發生。竹籤及金屬測針我均使用過，相較起來，竹籤結果較為準確，而且容易準備。

蛋糕脫模和裝飾

麵糊類蛋糕從烤箱取出後，請先將蛋糕連同烤盤，置於冷卻架上10～15分鐘，待蛋糕略為冷卻並定型後才脫模；若直接將剛從烤箱取出的蛋糕脫模，容易破壞蛋糕的外觀。

將冷卻網架先蓋在蛋糕烤盤上，再將冷卻架及烤盤一起倒扣，輕輕將烤盤向上提起，此時蛋糕的

■輕震烤盤數次可將氣泡去除。

底部朝上，再小心將蛋糕正面翻轉朝上，因爲如將蛋糕正面朝下等待冷卻，蛋糕正面會留下冷卻架的壓痕，影響素面蛋糕的外觀，所以倒扣之後須將正面朝上，靜置於冷卻架上，待其完全冷卻再裝飾或切片。如果擔心蛋糕再次翻轉時裂開，可將另一個冷卻架蓋在蛋糕上，再將兩個冷卻架一起倒扣，就能確保蛋糕的正面朝上又不容易裂開。倒扣乳沫類蛋糕成品時，可在冷卻架上抹上薄油，較不易破壞金黃色的蛋糕正面。

　　不含油脂及膨大劑的乳沫類蛋糕，必須置於烤盤中，待其完全冷卻再脫模，此時可使用蛋糕倒扣架，將架腳插入蛋糕中，再將蛋糕連同烤盤一起反轉，靜置至蛋糕完全冷卻。如無蛋糕倒扣架，可使用長頸玻璃瓶及杯子來替代。如使用中空烤盤來烘烤時，可將烤盤的中空部份，倒扣置於長頸玻璃瓶上，玻璃瓶要有足夠重量支撐蛋糕烤盤，待蛋糕在烤盤中完全冷卻。如使用一般圓烤盤來烘烤時，則需準備4個高度相同的馬克杯或玻璃杯，先將杯子倒扣置於桌面，再將倒扣的烤盤邊緣架於杯底上，烤盤中的乳沫類蛋糕同樣也能夠懸空冷卻，冷卻後用抹刀沿著蛋糕邊緣轉一圈，使蛋糕和烤盤分離；如使用活動底部的烤盤，即可直接將鬆脫的蛋糕取出，但如用底部固定的烤盤，則必須將烤盤倒轉置在桌面

■蛋糕出爐後，要立刻使用倒扣架待涼。

■取下倒扣架，以抹刀沿著蛋糕邊緣劃一圈取出蛋糕。

上，輕震烤盤讓蛋糕倒扣出來。

　　烤好的蛋糕可不加任何裝飾直接食用，也可利用不同的霜飾來變化。常見的蛋糕裝飾包括打發的鮮奶油，或以糖粉和其他材料調成的各式糖霜等。裝飾蛋糕表面及側面時，可準備4張長條狀的廚房蠟紙，在蛋糕盤上以正方形鋪在四個邊緣，再放上預備用來裝飾的蛋糕，待蛋糕裝飾完成後，再將之前鋪上的蠟紙輕輕抽離盤邊，盤邊就能夠保持清潔，而不會被滴下來的糖霜或鮮奶油沾到。塗抹蛋糕裝飾時動作要輕，太用力會刮起蛋糕碎屑，碎屑混入鮮奶油或糖霜中，就會影響到成品的美觀性。

　　調製裝飾用的糖霜時，須先將

糖粉篩過較易於均勻地混合，塗抹用的糖霜（Frosting）應柔軟濃稠但不會過乾，較容易塗抹均勻；而較稀薄的糖霜（Glaze）適合用來淋在蛋糕表面，再使糖霜自然流至蛋糕側面。除了糖粉製成的霜飾之外，也可用打發的鮮奶油（Whipped cream）來裝飾。用來打

■裝飾著鮮奶油和水果的蛋糕，讓人食指大動。

發的鮮奶油至少須含30%以上的乳脂，乳脂含量愈高，才能穩固打發的狀態，而鮮奶油中的乳脂必須保持低溫才不致於溶化，所以不但鮮奶油要保持低溫，打發時也要處於低溫環境，才易於打發鮮奶油並增加體積。

打發鮮奶油時可先將攪拌盆及直立式打蛋器，或是電動攪拌器的拌打器，放入冰箱冷凍庫20分鐘左右，如果廚房溫度較高，可準備另一個大盆，倒入適量的水和大量冰塊，把用來打發鮮奶油的攪拌盆置於其上。將鮮奶油倒入攪拌盆中，先用攪拌器低速攪拌30秒左右，此時鮮奶油會產生許多泡沫，轉中低速打至略呈固體狀時，再將糖從邊緣加入；使用糖粉所打發的鮮奶油，會比用白砂糖打發的成品來得穩定。接著，再轉至中速繼續打發，至體積呈兩倍大時即可停止，如再繼續打發就會出現淺黃色的奶油凝結。如果擔心用電動攪拌器會過度攪拌，可先將鮮奶油打發至八成左右，最後再用手工完成整個攪拌過程，打發的鮮奶油最好短時間內盡快食用完畢。

蛋糕保存和蛋糕切片

大部份的蛋糕成品應盡快食用為佳，理想的保存方式，更能延長蛋糕的保鮮期限。完全未裝飾的蛋糕，或不含蛋類糖霜的裝飾蛋糕，可密封置於陰涼的室溫中保存；但表面或中間夾心部份，若用了任何

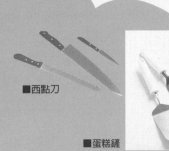

■西點刀

■蛋糕鏟

乳製品或蛋類為材料，例如以鮮奶油裝飾的蛋糕，為避免置於室溫中腐壞變質，就必須冷藏保存。

切蛋糕時，須準備鋒利的薄刃西點刀，可視蛋糕種類的不同，採用平滑刀或鋸齒刀。塗有奶油或糖霜的蛋糕，或是柔軟內餡的乳酪蛋糕等，在切片時容易沾黏在刀上，所以每切一刀後可浸入熱水中，再用紙巾擦乾刀面，切出來的蛋糕切面會較為平整。天使蛋糕、海綿蛋糕及戚風蛋糕等乳沫類蛋糕，需用鋸齒刀以來回拉鋸的方式，較易切出整齊的刀口，而又不會破壞蛋糕的外型。美國有一種專用的切蛋糕器（Cake breaker），外型很像一把扁平的梳子，但在台灣不是很常見到。切好的蛋糕可用蛋糕鏟（Cake server）盛入盤中食用，較易保持蛋糕片狀的完整性。

除了奶油麵糊及乳沫蛋糕之外，乳酪蛋糕（Cheesecake）和歐式沙哈蛋糕（Sacher Torte）也是很受歡迎的蛋糕種類：

沙哈蛋糕源自於中歐的德國、奧地利及匈牙利等地，其特色是風味濃郁且蛋糕組織較為緊實，材料中使用少量的麵粉，或甚至不使用任何麵粉，而以磨碎的核果、乾麵包或餅乾來取代麵粉的部份，所以這類蛋糕的體積比一般蛋糕略小一些。可將數層蛋糕疊在一起，夾心部份及表面裝飾果醬或鮮奶油後食用，也可以當成簡單的下午茶點單

■有扣環的活動烤盤

層食用。

　而乳酪蛋糕則是令人又愛又怕，愛的是它那不可抗拒的風味，令人害怕的是它的高熱量！蛋和乳酪是乳酪蛋糕最主要的材料，蛋黃中的脂肪及卵磷脂，帶給乳酪蛋糕滑順的口感，而蛋白則是增加蛋糕組織的膨鬆程度，所以材料中蛋的含量愈多，愈能增加成品膨鬆滑順的口感，但也較易因過度烘烤，而導致成品表面產生裂痕。材料中使用的各式乳酪，同樣也是增加成品滑順濃郁口感的重要因素。

　烘烤乳酪蛋糕時，盡可能使用食譜所要求大小的烤盤，如使用了太小的烤盤，倒入的內餡會太厚而需要較長的烘烤時間；而使用了太大的烤盤，卻又會造成內餡太薄而過度烘烤或產生裂痕。有扣環的活動烤盤（Springform pan）是最常用的烤盤，亦可使用一般圓形烤盤，但必須選用高度較高、約5～8吋的烤盤，才能容納所有內餡而不致溢出。如烤較小型的乳酪蛋糕，材料約為1磅奶油乳酪及2個蛋，我則是使用9吋的玻璃派盤。

　常見的美式乳酪蛋糕烤法有三大類：第一種方法是直接將乳酪蛋糕放入預熱烤箱中烘烤，但表面容易產生裂痕，而且容易過度烘烤，此法較適合底部及邊緣均有餅乾派皮的乳酪蛋糕，需要特別注意：如果材料份量較少，可採直接烘烤方式；如果烤箱可分層烘烤，可在下

■高熱量又好吃的乳酪蛋糕令人又愛又怕！
（賴淑萍製作）。

層烤架上，放置一個長形深烤盤，注入約2.5公分深的熱水，利用蒸氣增加烤箱中的濕潤度，可避免乳酪蛋糕在烘烤時散失太多水份。第二種方法稱為紐約烘烤法，常使用於烘烤美式紐約乳酪蛋糕（New York-style cheesecake），1923年在紐約市開設的Lindy's餐廳，就是這類乳酪蛋糕的初創者，這種使用了大量奶油乳酪和蛋的乳酪蛋糕，口感非常的香濃緊實，擄獲許多乳酪蛋糕愛好者的心，當然也就成了美式乳酪蛋糕的主流之一囉！這類乳酪蛋糕的烤法，是先將乳酪蛋糕以205～265℃（400℉～500℉)的高溫先烘烤15分鐘左右，使乳酪蛋糕表面產生好看的金黃色

澤，再將烤溫降至95℃（200℉），繼續完成烘烤的過程，所以準確的烤箱烤溫，是烘烤這類乳酪蛋糕最重要的因素。第三種方式則是國內最常用的隔水加熱烤法（Water bath method），乳酪蛋糕在烘烤時，烤箱熱度會使得材料中的水份蒸發，如果乳酪蛋糕中的水份迅速蒸發，烤出來的成品也較容易產生裂痕，因此乳酪蛋糕在一個濕潤的烘烤環境中，可以減少產生裂痕的可能性。如材料中使用了較多的蛋，且烤箱空間夠大，就可用隔水加熱法來避免成品乾裂，但以此法烤出來的成品，餅乾派皮的部份會因為蒸氣而較為濕軟。準備一個至少5公分深的長形深烤盤，空間須

足夠放入乳酪蛋糕的烤盤，先將裝了乳酪蛋糕的烤盤放入空烤盤中，再一起放入預熱好的烤箱中，注入熱水至空烤盤中，讓乳酪蛋糕在穩定的熱度中慢慢烘烤定型。且周圍要有2.5公分左右的空間，能夠讓熱水中的熱度循環。如果使用有扣環的活動烤盤，為了避免水份滲入乳酪蛋糕中，可將底部用數層鋁箔紙包起來，但要注意鋁箔紙不要碰到乳酪蛋糕的表面。

而我平常製作的成品多是美式配方，烘烤時是使用西式大烤箱，烤箱內熱度循環較為平均，所以通常都是加入熱水來隔水烘烤乳酪蛋糕，成品並不會有縮太多的情形。鬆軟細緻的日式配方在台灣較為流行，因此在隔水烘烤乳酪蛋糕時，較常以加入冷水來避免蛋糕成品縮得太厲害。

烤好的乳酪蛋糕，不要直接放入冰箱冷藏，熱氣會回滲至蛋糕中，而使得蛋糕變得過於潮濕，必須先置於室溫中使其冷卻，但不要超過兩小時，待其微溫時先不加蓋放入冰箱中，等到在冰箱中完全冷卻後，即可密封冷藏至隔天再食用，風味完全融合會更美味。

Q&A

Q 為什麼麵糊類蛋糕成品膨脹情形不甚理想呢？

A 蛋糕成品經過烘烤後，無法達到理想的膨脹狀態，可能有以下的原因：泡打粉失去效力，無法讓蛋糕麵糊向上膨脹；材料份量不均衡，主要的材料如油脂、糖及牛奶等液體材料，過多或不足都會影響到蛋糕的膨脹；所以準確的測量材料，對蛋糕烘焙的成敗有非常大的影響。攪拌蛋糕材料時需要小心，過度攪拌或攪拌不足，都會破壞蛋糕的膨脹，烤箱溫度太高會使蛋糕麵糊立刻定型，而不是在烤箱中慢慢向上膨脹成型，太低的烤溫卻又會使得蛋糕麵糊無法向上膨脹。而用了不合適的烤盤，烤盤太大而麵糊太少，也會導致蛋糕膨脹不甚理想。

Q 為什麼烤出來的麵糊類蛋糕成品，表面向上突起而且還有裂痕呢？但有時為何這類蛋糕的邊緣又會向下塌呢？

A 理想的蛋糕成品應該是均勻地向上膨脹，表面不應該像小山般隆起。如果麵糊中的油脂及糖份量不足，太多的麵粉會導致攪拌過度，便會使麵糊產生筋性；或是烤箱溫度過高，麵糊一入烤箱表面就已因過熱而定型變硬，而中央的麵糊仍在緩緩受熱膨脹，但頂部已無空間讓麵糊膨脹，此時蛋糕的膨脹就會集中在中央，裂成像小山一般的尖頂，而不是平坦的向上膨脹。造成蛋糕邊緣向下塌陷，而不是向上隆起的原因，可能是液體材料過多，而麵粉的份量不足，形成蛋糕麵糊過於稀薄，無法支持蛋糕的邊緣。

Q 為什麼烤出來的麵糊類蛋糕內部很乾而且表面也很硬呢？

A 麵糊中油脂、糖及液體材料不足，卻加入了過多的膨大劑及麵粉，會造成烤出來的蛋糕成品過乾。因為烤箱溫度過低，而需要較長的烘烤時間，也會造成蛋糕成品缺乏濕潤度。過度攪拌麵糊材料，並使用過大的烤盤，也都會使烤出來的蛋糕質地變得乾硬。

Q 為什麼烤出來的麵糊類蛋糕內部仍是濕濕黏黏的呢？

A 烤箱溫度不夠可能造成中央烘烤不熟的情形，所以請注意烤箱預熱溫度，或是烘烤時間不夠也可能造成中央部份不熟，所以在取出前用竹籤插入蛋糕中央，看是否中央部份已經沒有未烤熟的生料，確定蛋糕烘烤完成再取出。

Q 為什麼烤出來的乳沫類蛋糕，成品組織很緊卻無法膨脹得高？

A 乳沫類蛋糕烘烤時能夠膨脹，完全是靠材料中大量的蛋，過度打發或打發不足，都會造成蛋無法發揮使蛋糕膨脹的能力，所以打發蛋的步驟相當重要，多注意攪拌時的狀況，熟練掌握打發蛋的理想狀態，較容易做出組織細緻鬆軟的乳沫類蛋糕。將打發的蛋拌入麵糊中時，動作如果太大或時間太長，也容易破壞蛋的膨脹能力，所以拌入麵糊時可使用寬度較寬的橡皮刀，一次翻拌較大量的麵糊，亦可減少翻拌的次數，以確保蛋不致被破壞。乳沫類蛋糕的冷卻方式，是將烤好的成品倒扣，直到完全冷卻才能脫模，如果在尚未完全冷卻就將蛋糕脫模，容易使得原來膨脹得很好蛋糕，因提早脫模而導致扁塌。

麵包（Bread）

常見的烘焙麵包有兩大類，分別為酵母麵包及快速麵包。酵母麵包需要較長的發酵時間，而快速麵包正如其名，短時間內就可以品嘗到成品。

酵母麵包（Yeast Bread）

酵母麵包在口感方面可分為兩類，一類口感較有韌性，而另一類口感較為柔軟，無論哪一種口感的酵母麵包，大都少不了要經過揉麵及發酵的步驟。雖然坊間很容易買到各式酵母麵包，但手工揉製的麵包，卻是機器量產麵包所無法相比擬，因為其中更多了一份烘焙的成就感和樂趣，當看著辛苦揉好的麵糰，送入烤箱烘焙成膨鬆的麵包，會覺得自己做的麵包特別好吃喔！我愛吃麵包也愛烤麵包，只要有空大約每週都會烤些手工麵包，變換自己喜歡的各式口味，讓早餐能有更多的變化。

做酵母麵包其實不如想像中困難，掌握酵母的發酵溫度及烤箱的溫度，就能夠烤出香味四溢的手工麵包。酵母是麵包膨脹的最主要因素，而酵母需要溫暖的環境，才能發揮使麵糰發酵膨脹的能力。所以避免極端的高溫或低溫，才不會破壞酵母的正常活動能力。除非是非常熟練的烘焙者，可以掌握液體的大約溫度，一般的烘焙者為確保能夠成功地發酵麵包，我的建議是準備一個烹飪用溫度計；現在的酵母品質都很好，只要準備的液體溫度正確，麵糰都能夠理想的發酵。另外烤箱一定要先預熱10～15分鐘以上，

■手工揉製的麵包，多了一份烘焙的成就感和樂趣（陳智達製作）！

熱度可以讓麵糰快速膨脹並讓表面定型，如果烤箱預熱不夠，麵糰表面未能快速定型，麵糰會在已有溫度的烤箱中繼續發酵膨脹，結果就會烤出發酵過度，而且造型不佳的麵包。

酵母麵包的製作步驟有下列兩種方式：

■混合酵母和其他材料→揉麵→第一次發酵→塑形→第二次發酵→裝飾和烘烤

■混合酵母和其他材料→揉麵→靜置10分鐘鬆弛麵糰（代替第一次發酵 →塑形→第二次發酵→裝飾和烘烤

第一步、混合酵母和其他材料

　　常用的方式有一般混合法及快速混合法兩種，一般混合法是傳統的酵母發酵方式，先將酵母溶解在40～45℃（105～115℉）的溫水中，靜待10分鐘酵母會發酵成泡沫狀，再和其他乾性材料混合，利用活性乾燥酵母發酵麵糰時適用於此法。

　　快速混合法則是先將乾酵母和其他乾性材料混合，再加入50～55℃（120～130℉）的液體材料混合，使用顆粒較細的速發型或製麵包機酵母，採用此法效果為佳。

第二步、揉麵

　　揉麵的步驟對於製作酵母麵包相當重要，麵粉中的蛋白質遇水會產生麩質，揉麵的動作可以使麵糰變得平滑，並且產生筋性讓酵母在

其中發酵膨脹，所以要做出發酵成功的麵包，揉麵的工夫可千萬不能省略喔！

在揉麵的檯面上略撒麵粉，把混合好的柔軟麵糰塑成圓形，並用手掌微微壓平。首先把麵糰離自己最遠的一端提起，朝自己的方向摺疊，再用手掌根部往反方向推，不能只是用手掌把麵糰壓平，而要讓麵糰有延展的感覺；接著轉90度方向繼續摺疊和推揉的步驟，重覆直到麵糰平滑有筋性為止。雖然揉麵的動作不可忽略，但也不能過度揉麵，過度揉麵會造成麵糰產生破洞，也就無法產生合宜的發酵環境，讓酵母在其中理想地發酵。麵糰是否揉至理想程度，我平常所使用的測試方式是：用手指輕壓揉好的平滑麵糰，感覺麵糰有彈性，且指痕處會略為向上彈起回復，應該就完成揉麵的動作了。

第三步、第一次發酵

麵糰揉好就要準備第一次發酵，最適合的發酵環境溫度是27～33℃（80～90℉），不同的溫度和濕度會影響發酵時間的長短。先將發麵的容器內部抹一層油，容器須足夠容納發酵後麵糰的體積，把揉好的麵糰放入略為轉動，再把麵糰沾到油的部份翻至正面，發酵時麵糰表面才不會變乾。把容器蓋上乾淨的布或保鮮膜，讓麵糰進行第一次發酵。

■揉麵的動作可以使麵糰變得平滑，並且產生筋性。

不同的麵包有不同的發酵時間，有些麵包需要較長的發酵時間，較長的發酵帶給麵包一種特殊的風味及口感；而一般的麵包大致發酵至原來的兩倍大即可。不同的環境溫度會影響發酵的時間，如果廚房的溫度較低，盡量把發酵麵糰放在廚房最溫暖的地方，例如當熱開水壺中的熱水等待冷卻時，就可以把發酵的麵糰放在水壺旁邊，壺的熱度可以提升發酵時的溫度。

有些烤箱附有發酵箱的功能，也可以善加利用。在天氣寒冷時，我會把麵糰放入不開電源的烤箱中層，在下層烤架放一鍋煮沸的熱開水，烤箱門不要完全緊閉，留個縫隙讓空氣流通，利用烤箱及熱開水，使麵糰在寒冷的溫度下，有個溫暖的發酵場所。

配方中如使用了較大量的速發型酵母，通常將麵糰靜置10分鐘，以這個鬆弛醒麵的步驟來代替第一次的發酵，可縮短麵包製作的時間。把揉好的麵糰放在略撒麵粉的檯面上，蓋上乾淨的布或保鮮膜，放置10分鐘後，就可以準備塑形和第二次發酵了。

■ 發酵的麵糰要蓋上乾淨的布或保鮮膜。

■ 麵糰發酵後約為原來的2倍大。

第四步、塑形和第二次發酵

待麵糰經過第一次發酵，體積已至兩倍大時，或是用手指戳入麵糰1.5公分深，如果凹痕固定而不會扁塌，就表示第一次發酵已完成。接著用拳頭輕輕把麵糰壓扁，讓麵糰中的二氧化碳釋出，就可以從容器中取出，準備塑形和第二次發酵了。依照食譜要求塑形完成後，就放在烤盤上進行第二次發酵，一般來說，第二次發酵的時間，都會比第一次發酵時間來得短，同樣發酵至體積的兩倍大時，就可進行最後一個步驟。

■圖說：用手指輕壓揉好的平滑麵糰，若手指離開，麵糰仍留有凹痕，就表示發酵完成。

第五步、裝飾和烘烤

第二次發酵完成後，就可以放入預熱好的烤箱中，進行最後的烘烤步驟。在烘烤之前可將麵糰刷上蛋汁、奶油、水或牛奶，也可以撒上香料或芝麻等裝飾，或是用鋒利的刀片在麵糰表面刻劃花樣，送入烤箱後，就可以等著烤好的麵包出爐囉！

第六步、檢查成品烘焙情形

由於每個烤箱的溫度不同，請在到達指定烘焙時間前10分鐘，先檢查一下麵包的烘烤情形。如果麵包表面顏色太深，會有烤焦的可能性時，請蓋上一層鋁箔紙再繼續烤至完成為止。如果是烤長條狀的吐司麵包，烤好的麵包應該呈金黃

色，並且很容易從烤盤中取出。麵
包從烤盤中取出後，可用手輕拍麵
包底部和側面，如果拍出來聲音是
中空的，就表示麵包完全烤好。而
其他塑成單個造型來烤的麵包，待
表面呈金黃色，且用手指按麵包表
面覺得結實，也可確定麵包已烘烤
完成。

■手工麵包出爐時的香味和成就感，
是在麵包店買不到的（陳智達製作）。

Q&A

Q 為什麼進行發酵時，揉好的麵
糰無法理想地膨脹呢？

A 可能所使用的酵母已失去效
力，或是加入液體材料的溫度不理
想，過低的溫度無法幫助酵母發
酵，而過高的溫度又會破壞酵母的
發酵能力。當麵糰表面仍呈濕黏的
狀態時，酵母無法在此環境下發
酵，麵糰需要揉至光滑，像一個穩
固的球形，才能使酵母在其中發
酵。發酵場所的溫度太低，也容易
造成麵包無法理想發酵。或是測量
麵粉份量不準確，加入太多的麵
粉，以至於酵母的量不足，或是麵
粉的比例不理想，例如加了過多的
全麥麵粉，也會減低麵糰的筋性。
還有如果鹽的份量太多，也可能抑
制酵母的發酵能力。

Q 烤好的麵包為何有很重的發酵
酸味呢？

A 可能是麵糰放入烤箱前，發酵
時間過長，造成麵糰中的酵母過
度，或是發酵環境溫度過高，麵糰
在很短的時間內就已發酵膨脹，還
有可能是麵包沒有烘烤完全，內部
的酵母仍在進行發酵作用。

Q 為什麼烤好的麵包表皮很厚，而且內部看起來過於緊實，而不是細緻膨鬆的組織呢？

A 可能是麵粉的量太多，造成酵母發酵能力不足；或是發酵時間不夠，麵糰未發酵至理想的程度即放入烤箱；或是烤箱預熱不足，麵糰放入溫度太低的烤箱中，容易烤出表皮較厚的成品。此外，如材料中加入全麥麵粉或黑麥麵粉等穀類麵粉時，麵包較不易膨脹得很高，而且麵包內部也會比全部用白麵粉做出來的麵包緊實。

Q 烤出來的麵包形狀不佳？

A 塑形時過於用力會破壞麵糰的筋性，造成烘烤時膨脹不平均；或用了太小的烤盤則會造成麵糰沒有伸展的空間。為了避免這種情形發生，可在塑形前讓麵糰靜置10分鐘略為鬆弛，塑形時不要過度用力拉扯麵糰。

Q 為什麼烤出來的麵包成品裡有很多孔洞呢？

A 可能是在第一次發酵後，麵糰中的二氧化碳沒有完全釋出，就繼續塑形，當麵糰進行二次發酵後，內部太多二氧化碳就會形成較大的孔洞，加熱烘烤後二氧化碳消失，就在麵包內部留下許多孔洞。過度發酵也會造成麵糰中有過多的二氧化碳，內部容易形成較大的孔洞。但某些使用酸麵糰（Sourdough starter）發酵的麵包，成品有許多大型孔洞則是正常的情形。

Q 為什麼烤出來的麵包頂部表面有裂痕呢？

A 揉麵及塑形時用了過量的乾麵粉，容易造成這種情形，所以在揉麵時不要撒太多麵粉。我平時在混合麵糰時，習慣把約1/2杯的麵粉留下來，暫時先不攪拌至麵糰中，待揉麵時再揉入麵糰，比較不會揉入過量的麵粉。塑形時只需略撒麵粉，在處理麵糰時不黏手即可。

Q 為什麼麵糰發酵時會塌下去呢？還有，為什麼麵糰在烤箱烘烤時也會出現塌下去的情形呢？

A 過度發酵會造成麵糰中的二氧化碳氣泡過多，當麵糰支撐不住時，就會倒塌變形，所以必須注意發酵的時間及情形。過高的溫度，也會造成麵糰過度發酵。而麵糰在烤箱中塌下來，可能是烤箱溫度過低，無法讓麵糰在足夠的熱度下定型，使得麵糰仍在烤箱中繼續發酵，麵糰當然會過度發酵而倒塌。

快速麵包 （Quick bread）

常見的快速麵包種類很多，例如瑪芬（Muffin）、司康（Scone）比司吉（Biscuit）等，這類麵包的特色正如其名，是以短暫的混合時間，且不需要等待發酵，所使用的膨脹原料不是酵母，而是泡打粉及小蘇打粉。口感介於麵包及蛋糕之間，雖不似蛋糕般膨鬆綿細，卻也不像酵母麵包那般有彈性。由於這類麵包不需要太長的混合時間，所以用手工攪拌會比用電動攪拌器來得理想，用手工較不容易攪拌過度，過度攪拌則容易做出乾硬而不鬆軟的成品。

瑪芬（Muffin）

甜口味的瑪芬配上咖啡，是相當典型的美式早餐搭配方式，鹹口味的瑪芬配上熱濃湯，當成正餐也很適合。瑪芬的做法其實不難，理想的瑪芬成品外型，表面雖不平滑但也不會出現大裂痕，頂部膨脹成圓頂形而不是尖形，內部組織鬆軟而不乾硬。想在家裡做出鬆軟的瑪芬鬆糕，掌握一些技巧就能避免做出乾硬的成品喔！

準備麵糊：

準備材料時，將乾、濕材料分開，泡打粉和小蘇打粉一定要先篩過，再和乾性材料混合均勻，可用叉子或直立式打蛋器，將所有乾性材料攪拌得愈均勻鬆散，愈容易做

出內部鬆軟的成品。再將濕性材料和乾性材料混合，用橡皮刀將底部的乾性材料，輕輕翻拌至上方，拌至乾性材料均濕潤即可，此時麵糊看起來非常濃稠且仍有顆粒。還有另一種常見的混合方式，和蛋糕麵糊的混合方式類似，成品組織及表面會較為細緻平滑。但無論使用任何一種混合方式，過度攪拌的麵糊都會烤出乾硬的成品，而且外形會呈三角尖形而不是圓頂形。

準備烘烤：

將準備好的麵糊倒入抹了油的杯形烤盤中，倒入約2/3的高度，盡可能分配均等份量的麵糊，烤出來的成品大小才會一致。如果希望烤出來的成品圓頂部份較大，可將麵糊填滿每個烤模，略延長烘烤時間1～2分鐘，但必須注意的烤箱上方空間要夠大，以免膨脹較高時會離熱源太近。如麵糊的份量不夠填滿所有杯形烤盤的烤模，可在空的烤模中裝入半滿的水，避免烤盤因空烤而變形。

開始烘烤：

瑪芬常以190～220℃（375～425℉）等較高的溫度來烘烤，烘烤時間約20分鐘（以烤模直徑為6.5公分的標準大小為準），如果以其他大小的烤模來烤，烘烤時間必須配合延長或縮短，烤至竹籤插入中央部份沒有生料即成。

食用保存：

瑪芬適合趁微溫時食用，完全

■口感細緻、濕潤的瑪芬配上咖啡或紅茶，相當順口（賴淑萍製作）。

冷卻後成品可密封冷凍保存，食用時先解凍再用鋁箔紙包好，放入175℃（350℉）的烤箱中，加熱10～12分鐘，或微波爐解凍再加熱。

比司吉（Biscuit）

美式比司吉是另一種頗受歡迎的快速麵包，比司吉大小約為直徑6公分的圓形，烤好的比吉司應該是大小平均一致，且膨脹至原來麵糰厚度的兩倍高。表面應呈金黃色，口感酥脆卻不乾硬，側面的外皮顏色較淡，剝開時內部鬆軟且層次分明。比司吉的材料均須保持低溫，可直接從冰箱中取出油脂及牛奶等材料製作。通常我在晚餐前製作，一個小時內就能在餐桌上看到

熱騰騰的現烤比司吉，所以不一定要去速食店，在家一樣也能享受到剛出爐的比司吉喔！

比司吉的種類：

常見的比司吉有兩種，一種是將混合好的麵糰，用擀麵棍或手掌輕輕壓平，再用比司吉壓模（Biscuit cutter）切成圓形麵糰，間隔排在烤盤上烘烤。另一種比較簡單的方法，是增加比司吉濕性材料的比例，混合成濃稠麵糊並省略揉麵的步驟，只需用量匙挖等量的麵糊至烤盤上烘烤。

比司吉的麵糰：

製作比司吉的材料均以保持低溫為佳，先將泡打粉篩過，和乾性材料混合均勻，加入切成小塊狀的

■美式比司吉是頗受
歡迎的快速麵包之一
（林舜華製作）。

低溫油脂，以奶油切刀（Pastry blender）來混合油脂及麵粉。

　　用低溫的油脂較易操作，油脂在室溫麵糰中仍呈固體狀，進入烤箱遇熱後融化，空氣和蒸氣進入麵糰中的空隙，因此成品烘烤膨脹後，就會產生層次分明的內部組織。如將油脂及麵粉攪拌成粉末狀，成品內部組織就較沒有層次分明的口感。接著加入同樣保持低溫的牛奶，輕輕混合成濕潤的麵糰，此時麵糰很黏手，但不要過度揉比司吉的麵糰，手沾點麵粉將麵糰輕輕揉8～12次，揉至麵糰均勻且不黏手即成。

比司吉的塑形：

　　將揉好的比司吉麵糰壓平成1.5公分厚，用比司吉切模盡可能一次切出最多的圓形，切剩下來的麵糰只需集中在一起，再次輕輕壓平用切模切出圓形，直到所有麵糰都處理完畢。第二批以後的比司吉麵糰，表面可能不像第一批麵糰那樣平整，但並不影響成品口感，但是如果將比司吉的麵糰一揉再揉，反而會做出較乾硬的比司吉。

　　操作比司吉麵糰時，可略撒乾麵粉防黏手，但不要撒太多乾麵粉，太多乾麵粉也會使比司吉乾硬。如果無法準備比司吉切模，可以用鋒利的刀子將麵糰切成平均大小的方形，或是用杯口薄而平整的玻璃杯來替代。將切模或杯口沾一層麵粉再來切壓麵糰，可防止切口

沾黏麵糰，切出來的麵糰邊緣較平整美觀。

比司吉的保存：

比司吉以剛出爐時的風味最佳，盡量趁新鮮時食用；未食用完的比司吉可密封冷凍保存，但以不超過兩個月為佳，食用前先解凍，再用鋁箔紙包起來入烤箱加熱。

司康（Scone）

英式司康和美式比司吉相當類似，傳統的司康做法源於蘇格蘭，在英國通常在午茶時間品嘗司康，而傳到美國則變成任何時間均可享用的點心。

司康的種類：

司康的口味甜、鹹均有，在外形上也有許多變化，除了傳統塑成大圓形，再切成楔形等份來烘烤之外，也可以是切成類似比司吉的小圓形，或是方形、菱形等等。

司康的麵糰：

司康和比司吉的麵糰一樣，所有材料必須保持低溫，而奶油則是常用的油脂，通常司康麵糰中所用的奶油，要較比司吉來得多，因此也格外地香濃；蛋也會出現在材料中，使得司康的口感更柔軟。將乾性材料和膨大劑混合均勻後，再加入非常低溫的奶油，除了可用奶油切刀（Pastry blender）來混合油脂及麵粉之外，直接將切成小塊的奶油用手指捏碎，同時再和麵粉混合，效果也不會相差太遠。

混合油脂和麵粉之後，接下來就是加入濕性材料，通常是蛋汁、牛奶或酸奶，這些濕性材料也必須是低溫，再將乾濕材料輕輕混合成團即可。此外司康中常會加入果乾或其他材料，不但看起來較有變化，也能增添成品的風味，這些材料在完成攪拌動作的最後一刻加入，攪拌至均勻分佈於麵糰中即可。輕揉麵糰數次至成形即可，不需過度揉麵，也不要再加入太多乾粉，以避免成品過於乾硬。

司康的塑形：

最常見的方法是將司康麵糰壓平成1.5公分的厚度，塑成一個大圓形，再用鋒利的刀切成楔形；也可以壓平後用圓形切模切成圓形，或是壓平成方形後，再分切成小的正方形或菱形。切塊時可將刀或切模沾些乾麵粉，切出來的邊緣會較為平整。切好的麵糰表面可刷上牛奶、蛋汁或融化的奶油，來增加成品的色澤。

司康的保存：

司康最理想的食用時間是剛出爐，趁熱食用時風味及口感最佳；當天未食用完的司康，兩、三天內風味均不致於相差太多，再食用時可用小烤箱微微加熱，使司康表面回復其酥脆，內部回復其柔軟。

■做法簡單的司康可當作下午茶點心享用（賴淑萍製作）。

餅乾（Cookie）

市售的餅乾為了考慮保存期限，在材料和風味上，都和自製餅乾有很大的不同。餅乾可算是最不容易失敗的烘焙點心，只要準備好所有材料，照著步驟就能在家做出新鮮又美味的自製手工餅乾。家庭製餅乾不含添加劑，不但自己吃得健康，更可以分送親朋好友當成禮物。

餅乾的口感

手工餅乾常用的材料，不外乎是麵粉、奶油及蛋等材料，製做出來的成品在口感及風味方面，卻有很大的不同，常見的美式餅乾有以下數類：**酥脆餅乾（Crisp cookie）** 通常外型較薄且易碎，**硬質餅乾（Hard cookie）** 的組織較結實且堅硬，**軟質餅乾（Soft cookie）** 的組織細緻且柔軟，**柔韌餅乾（Chewy cookie）** 的中央部份略有一點韌性，通常這類餅乾的成品，中央部份應保持柔軟，不似一般餅乾來得堅硬，很多受到一般大眾喜愛的美式餅乾，都是屬於這類型的口感。

餅乾的類型

1.用量匙挖麵糰排在烤盤上烘烤的餅乾 （Drop cookie）

做法相當簡單，將所有材料攪拌成麵糰後，通常會在麵糰中加入切碎的核果或果乾，用量匙挖相同份量的麵糰，間隔排在淺平烤盤上烘烤即可，所以餅乾的形狀會略為不規則。在口感上會因麵糰大小、加入材料而有不同，有些是鬆軟且有韌性的口感，有些卻是酥脆的口感，烘烤時須注意食譜說明的烘烤時間，千萬不要把柔軟口感的餅乾，烤成了又硬又乾的石頭餅喔！

■用量匙挖出麵糰的美式餅乾，形狀會略為不規則（賴淑萍製作）。

■ 可愛的聖誕薑餅
（金一鳴製作）。

2.擀平麵糰以切模切出各式形狀的餅乾 （Rolled cookie）

先將麵糰混合好、擀平至食譜要求的厚度，用餅乾切模或刀子切出不同形狀，排在烤盤上再送入烤箱烘烤，美式聖誕薑餅就是屬於這類型的有名代表。為了使麵糰較容易擀出理想的厚度，一次只取一小部份的麵糰來擀平，其他的部份仍放在冰箱保持低溫，直到要使用時再從冰箱取出。

盡可能一次切出最多的餅乾數量，在用切模切餅乾形狀時，請盡量縮短每片之間的距離，剩餘不規則形狀的麵糰就會愈少，切出來的餅乾數量也就愈多。集中所有形狀不規則的剩餘麵糰，再次冷藏並

擀平又可壓出更多的餅乾，但請注意只要輕輕把所有麵糰集中成團即可，用手把麵糰向中央擠成一團，再次擀開就會平整，千萬不要用力把麵糰揉均勻，因為如果努力的揉麵糰，烤出的餅乾會很硬哦！

3.將麵糰冷凍成柱狀再切片烘烤的餅乾 （Refrigerator cookie）

這就是所謂的冰箱餅乾，先將麵糰混合好，塑成柱狀用保鮮膜及鋁箔紙包好，放入冰箱冷凍至堅硬後，再切成片狀排在烤盤上烘烤。為了要切出好看的片狀，麵糰一定要保持冷凍低溫，如果切片的中途麵糰回軟，必須再次冷凍至堅硬後繼續切片。所用的刀一定要足夠鋒利，每切一片後可將刀浸入熱水中

並擦乾，切出來的邊緣也會比較整齊好看。

如果要在冷凍的麵糰中加入果仁時，請務必切細一點，切片時才比較容易切出整齊的片狀，切圓柱形的麵糰時，在切時可稍微滾動麵糰，切出來的圓片形狀較不易變形。有空時可先將麵糰塑好形狀後密封保存在冷凍室中，就可以隨時吃到現烤的新鮮餅乾。

4.整盤烘烤完成後再切小塊食用的餅乾（Bar cookie）

這類餅乾所需要的準備時間較短，只需將麵糰攪拌好倒入烤盤中即可烘烤，烤至邊緣部份開始變乾，而且略和烤盤分離時，用手指輕按表面會留下淺淺的指痕時，大致上應該就已經完成烘烤，最後再用竹籤插入中心部份確定是否完全烤好。

除非食譜特別註明要趁熱切開，一般都將烤好的餅乾留在烤盤中，置於冷卻架上待完全冷卻，再分切成小塊。要切出整齊的邊緣，可在每切一刀之後將刀浸在熱水中，再擦淨刀上沾黏的餅屑，才不會影響切口的整齊。烤這種餅乾時可先在烤盤鋪上一層鋁箔紙，不但烤好時較易取出，而且較不易破壞成品形狀。美式布朗尼（Brownie）就是這類餅乾中有名的代表之一。

餅乾的烘烤

烤箱必須要預熱至合適的熱度，讓麵糰能在烤箱中迅速定型，不會因為溫度低而造成過度延展的狀況。視食譜要求準備烤盤，大部份材料中含有蛋的餅乾麵糰，必須排在鐵弗龍處理的烤盤上烘烤，如使用一般鋁製材質烤盤，表面需抹上油以確保餅乾不會沾黏；而使用了大量奶油的酥餅類麵糰，則不需要將烤盤預先抹油，另外蛋白類餅乾等不含油的麵糰，可排在鋪了烤盤紙的烤盤上烘烤，脫模時較不易破壞成品外型。

將麵糰分批烘烤時，可準備數組烤盤輪流烘烤，如果僅有一組烤盤時，一定要等前一批烤過的烤盤完全冷卻，再將下一批麵糰排在烤盤上；可於烤盤背面沖水快速冷卻，或放入冰箱迅速降溫。烤盤仍有熱度時就把麵糰放上去，麵糰會因烤盤本身的熱度而開始延展，烤出來的成品就會不均勻。

把麵糰擀平再切模的餅乾，由於厚度較薄，烤的時間通常也比較短，只要邊緣略呈金黃色時，差不多就完成了，所以要注意不要過度烘烤，稍不注意就會烤焦。而塊狀餅乾雖然難度不高，仍需留心才能烤出不乾硬的成品，準備食譜要求大小的烤盤，如果替代的烤盤太大，烤出來的成品會太薄，而且容易過度烘烤；如果替代的烤盤太小，烤出來的成品又會太厚，而且

中心部份不容易烤熟。

餅乾的保存

　　烤好的餅乾務必要等到完全冷
卻，才能密封收藏保存。可保存在
塑膠材質的密封盒中，要將不同口
感的餅乾分開保存，酥脆口感的餅
乾如果和軟質口感的餅乾放在同一
容器中，很容易吸收水氣而失去酥
脆度。如果要保存裝飾過的餅乾、
容易沾黏在一起的餅乾，或是較易
碎的薄餅時，可在兩層餅乾之間，
隔上一層廚房蠟紙或烤盤紙。如果
酥脆口感的餅乾失去酥脆的特性，
食用前可用150℃（300℉）的溫
度，再加熱3～5分鐘，待冷卻後即
可恢復酥脆性。

■布朗尼（賴淑萍製作）。

Q&A

Q 當擀平餅乾麵糰時，麵糰變軟、容易沾黏該如何處理？擀平餅乾麵糰時為何會產生裂痕呢？

A 如果麵糰變得濕軟不好操作時，可放回冰箱再冷藏，至合適的硬度後再操作。在擀平餅乾麵糰時，為避免麵糰沾黏在平板或擀麵棍上，可以撒上薄薄的一層麵粉，但目的只是為了防沾黏，所以請不要撒太多以免使麵糰太乾硬，也可將需擀平的餅乾麵糰，置於兩張廚房蠟紙中間，以防麵糰沾黏，另外用餅乾切模切出形狀時，為了讓麵糰不會沾黏在切模上，也可先把切模沾上麵粉，再切出不同的形狀。如果擀開麵糰時出現裂痕，可能是麵糰冰得太過堅硬，可先置於室溫中待其略為回溫，比較容易擀平且不會產生裂痕。

Q 為什麼烤出來的餅乾容易產生碎屑，而且又乾又硬呢？

A 過度攪拌麵糰可能是最大的原因，餅乾的攪拌步驟並不困難，只需要控制攪拌的程度，當所有乾濕材料攪拌均勻時即可停止。過度烘烤也可能造成乾硬的情形，餅乾的體積都不大，厚度也比其他糕點來得薄，因此在烘烤時須特別留意，可從顏色的變化情形來判斷是否烘烤完成，通常在預定的烘烤時間前，餅乾邊緣已呈現淺金黃色時，就要準備讓餅乾出爐，別讓餅乾在烤箱中多逗留。另外，過多的水份或油份比例不足，也有可能造成成品組織不佳。鹽在食譜中雖然只佔有小小的比例，但如果在測量份量時不夠準確，過多的鹽也可能發生此結果。

Q 為什麼烤出來的餅乾不會膨脹，都是扁扁的呢？

A 如果麵糰中的油脂因溫度過高，在尚未烘烤前就已軟化滲出，這樣的麵糰在烘烤時，容易加速其延展的速度，在尚未膨脹定型前就會延展成扁平狀。所以麵糰在未烘烤前須保持低溫，確定其中的油脂仍保持固定。有些餅乾在烘烤時須在烤盤上抹油，但烤盤抹了太多油脂，也會造成過度延展的情形，在烤盤上抹適量的油，或以鋪上烤盤紙來替代，也可避免過度延展。如必須分批烘烤餅乾時，要等前一批烤盤完全冷卻後，再將麵糰排上去，可於烤盤背面沖水快速冷卻，或放入冰箱迅速降溫，溫度過高的烤盤，也會使得麵糰過度延展。而如果使用的油脂中水份含量過高，麵糰也會產生延展過度的情形。

Q 為什麼烤出來的餅乾內部組織及顏色都不均勻呢？

A 麵糰可能因厚薄大小不一，或是不規則的形狀，而使得相同時間所烤出來的成品結果不平均。在擀平時盡量擀至一樣的厚度，或用量匙盡可能量出大小相同的麵糰，麵糰厚薄大小一致，烤出來的成品也就不致相差太多。利用有活動彈簧的挖冰淇淋器來挖麵糰，可確保挖出相同的份量。

Q 為什麼烤出來的餅乾成品感覺很油膩呢？

A 隨意用液態油脂來替代固態油脂，無法和麵粉完全混合，就會造成麵糰中有油份滲出的情形，當然烤出來的成品就會有油膩浮在表面。麵糰中的油脂在未烘烤前已融化滲出，也會造成同樣的情形發生，室內溫度過高時，使用白油或酥油的麵糰較易保持固定，而使用奶油或人造奶油瑪琪琳較易軟化，而使用人造奶油的麵糰，又比奶油麵糰滲油的情形更嚴重，所以保持麵糰處於低溫狀態，油脂固定也較不易滲出。另外，材料中使用過量的油脂，也可能會使成品產生油膩的情形。

酥皮（Pastry）

派及塔類點心是最常見的酥皮點心，兩者的外型類似，都是將擀平的麵皮鋪在烤盤上，填入內餡之後再去烘烤，內餡種類不外乎水果，或是以牛奶及蛋為材料。

雖然派和塔的外型及內餡類似，但派可分雙層派皮及單層派皮，而塔通常只有底部有麵皮。派和塔所使用的烤盤外型稍有不同，派盤的內緣表面平滑，邊緣呈垂直或略有斜度，菊花派盤是經常用來烤塔的烤盤，內緣有凹槽花紋，底部和邊緣採可分離設計，便於烘烤完成後脫模。除了烤盤外型不同外，烘烤完成的派通常都保留在派盤中，直接在盤中切片之後，再用派鏟盛至盤中食用，而塔在完成後都會先脫模再切片，所以常見的塔盤底部都是採活動設計。

■菊花派盤是經常
用來烤塔的烤盤。

派（Pie）

派的種類

　　常見的派依內餡不同可分爲下列數類：**水果派**（Fruit pie），用新鮮水果或冷凍水果做爲材料，也可以用罐裝的水果派餡（Pie filling）做爲材料，用罐裝派餡雖然方便，但我覺得風味還是比不上用新鮮水果來得好。**鹹味派**（Savory pie）的內餡常使用蛋、牛奶及乳酪，或是搭配蔬菜或肉類爲材料，像美式的Pot pie就屬於這類。**鮮奶油派**（Cream pie）常

以蛋、牛奶及玉米澱粉煮成內餡，再在表面覆上一層打發的鮮奶油或蛋白（Meringue）。卡士達派（Custard pie）的內餡非常滑嫩，是以蛋爲主要材料，再加入牛奶及糖攪拌均勻，最後將未煮過的生內餡倒入烤盤，加熱烘烤至使其凝固。像南瓜派及胡桃派等，就是利用蛋加熱會凝固的特性，將南瓜及胡桃等主要材料，和蛋攪拌成內餡來烘烤，使得派烤好之後可以切片。**戚風派**（Chiffon pie）內餡和卡士達派內餡很相似，但內餡預先煮過並加入吉利丁（Unflavored gelatin），並拌入打發的蛋白。後三類的派由於使用了雞蛋和牛奶等容易腐敗變質的材料，所以必須冷藏來保持內餡凝固，但這類的派不能冷凍保存，派餡和派皮在解凍後會分離，所以盡快在一兩天內食用完畢為佳。

混合派皮

好吃的派皮才能讓成品增色，因為就算有再美味的內餡，又硬又乾的派皮恐怕也引不起食慾。準備派皮的材料其實很簡單，基本材料包括麵粉、油脂及水，重要的是其比例及擀平時的步驟，才是影響派皮的最大關鍵。

先將麵粉或其他乾性材料篩細，加入切成小塊的油脂，用奶油切刀混合成粗粒狀的油酥，如無奶油切刀可兩手各持一把西餐刀交錯橫切，將麵粉及油脂混合切成粗顆粒狀，使麵粉和油脂在切割動作中逐漸混合；或是直接以手指壓碎混合油脂和麵粉，如果麵粉和油脂混合成太細的粉末狀，成品會失去其層次分明的酥脆感。可使用白油或奶油來製作派皮，但不建議用瑪琪琳，因為含有太多水份，無法做出酥脆的成品。我常使用白油來製

作，白油在室溫中較不易融化，做出來的派皮非常酥脆；如果喜歡奶油的風味，仍可以使用奶油，但在操作時必須使奶油保持低溫。

當麵粉和油脂混合好後，加入冰水混合成麵糰，加入冰水時以1湯匙的份量分次加入，不要直接倒在同一個位置，可均勻散開淋至麵粉上面，所有的麵粉才能均勻地吸收水份；每加入一湯匙水後用叉子輕輕攪拌，待油酥麵粉吸收水份後再加下一湯匙，直到油酥麵粉結成團狀即可停止攪拌，此時麵糰摸起來感覺有點冰，而且看起來表面應

該濕潤，混合派皮時動作要快，盡可能在最短時間內混合好麵糰，也不必過度用力攪拌麵糰。

派皮麵糰混合完成，將麵糰取出置於保鮮膜上，用沾了少許麵粉的手將麵糰集中，並輕壓成2.5公分厚的圓盤狀，密封包好放入冰箱冷藏至少30分鐘，目的是讓麵糰中的油脂能更凝固，而且水份能均勻滲入麵糰中，也讓麵糰中的麩質更鬆弛，更容擀出平滑的派皮。派皮也可以提前混合好並冷凍保存，但取用時必須先置於冷藏室解凍至合適的軟硬度。

擀平派皮

擀平派皮時需要大一點的空間，可準備一個面積稍大的平板，如果無法準備一塊專用的平板，可利用乾淨的流理檯或餐桌，做為擀平派皮的工作檯，另外準備一支長約25～30公分、重量稍微重一點的木製擀麵棍，來擀出理想平整的派皮。

冷藏過的派皮麵糰，軟硬適中才能擀出好派皮，適當的硬度是用手指按壓麵糰，會出現淺淺的指痕；麵糰太硬在擀平時容易裂開，麵糰太軟又會沾黏不易擀開。擀開派皮時可利用兩張廚房蠟紙或保鮮膜隔開，也可以略撒麵粉防沾黏。

照著時鐘擀派皮法可以很容易擀平派皮，先把冷藏過的麵糰略為壓平，把圓形麵糰看成鐘面，從中央部份先朝12點方向擀開，再接著往6點、3點、9點方向擀開，接著再朝「每小時」的方向，每次轉換90度的方向，直到擀成適當的厚薄大小。請注意每個方向擀的次數要平均，才不會擀出厚薄不均的派皮，擀至邊緣時不要太用力，才不會變成邊緣太薄的派皮。擀開派皮時固定方向朝外，千萬不能來來

■蘋果派、水果派、櫻桃派（賴淑萍製作）。

回回一直擀，以愈少的次數擀平派皮，愈能擀出口感佳的派皮。在擀開派皮的途中，請隨時檢查派皮是否沾黏平板上，當擀開派皮時，發現派皮沒有向外延展擴大時，可能是部份底部沾黏在平板上，此時可輕輕翻起派皮，在平板上略撒一點乾麵粉，再繼續完成擀開派皮的步驟。擀至大於派盤底部直徑5公分的圓形後，即可準備鋪上派盤。

派皮鋪盤

　　將派皮擀好後，接著要鋪在派盤上，常見的派盤材質有金屬、耐熱玻璃及陶器等，我常用的派盤是透明耐熱玻璃材質，不但可以快速均勻導熱，在烘烤途中也易於檢查成品顏色。在派盤中先抹上一層奶油，再鋪上擀好的派皮，不但能使派皮維持其外型不緊縮，也能在烘烤時增加派皮底部的金黃色澤。可用兩種方式來鋪派皮，第一種方法是把擀好的派皮捲在擀麵棍上，提起後在派盤上展開；是另一個方法則是把派皮對折再對折成四等份，尖角對準派盤中心點再翻開鋪平，兩種方法都可以鋪出平整的派皮，我比較常用後面的方式。

　　將派皮鋪上派盤時不要用力拉

扯，否則會造成烤好的派皮向下收縮，只需將派皮從盤中央向派盤邊緣輕壓，確定派皮和派盤邊緣之間完全密合即可，再將派皮邊緣修平並塑成花樣。

派皮鋪平至派盤上後，可用刀把邊緣的派皮修整齊，我通常是使用廚房剪刀來修整派皮，很容易就可修出整齊的邊緣。如果是做雙層派皮派，把上方那層派皮鋪上之後，同樣也將邊緣修剪整齊，但大小可比下層派皮略大一些，再把上層派皮的邊緣向下折，並把下層派皮的邊緣包住，再將兩層派皮輕輕

壓緊，將邊緣用叉子或手指折出花邊，並在上層派皮表面刺些洞，或用鋒利的刀片劃些切口，讓烘烤時的蒸氣可以有出口。

新鮮水果內餡在烘烤後體積會縮小，所以填入水果內餡再鋪上派皮時，請將派皮和隆起的果餡壓緊，可避免烤好的成品，派皮和內餡之間產生很大的空間，切出來的派也會比較美觀。

派皮烘烤

派盤上的派皮鋪好之後，可先蓋上保鮮膜冷藏30分鐘，以短時間預先烘烤空派皮後，可保持派皮底

部的酥脆度，最後再加入餡料烘烤。將派皮鋪盤塑形並冷藏後，在派皮表面用叉子刺些洞，並可在預先烘烤時填入乾的紅豆、綠豆或米，其重量讓派皮在預烤時，中央不會膨脹得太高，邊緣也不會往下縮，烤出來的半成品比較美觀。將抹了薄油的鋁箔紙或烤盤紙蓋在派皮上，再倒入八分滿的豆子或米粒，份量蓋住派皮表面，等烤好時再將其取出即可。

派皮邊緣比中央部份容易烤成金黃色，等到中央烤成金黃色時，邊緣恐怕就會烤焦了，所以先準備

數條長形鋁箔紙，將邊緣先包起來以免烤焦，如果是單層派皮的派，要注意不要讓鋁箔紙沾到中央的派餡，等設定烘烤時間的最後10～15鐘時，再把鋁箔紙取下，繼續烘烤至邊緣也呈金黃色。在烘烤水果派時，有時派餡中的湯汁會溢出派盤外，所以可在派盤底下再墊一個淺平烤盤，烤箱較不容易被溢出的餡汁弄髒。

塔 （Tart）

塔的種類

　　塔的種類幾乎和派相同，可算是流行於歐洲的「派」，因此常見的水果塔、鹹味塔、鮮奶油塔及卡士達塔等，和派一樣都可以變換各種不同口味的內餡；除了用新鮮水果為內餡之外，也有填入用雞蛋、鮮奶油、玉米澱粉等材料，煮成風味濃郁的濃稠內餡，再鋪上新鮮水果裝飾冷藏。

　　雖然塔和派的內餡類似，但通常塔只有底部及邊緣有外皮，內餡上面不覆蓋任何外皮，而且塔盤只有2.5公分左右的高度，所以內餡會比派來得淺些。

塔的外皮

　　常見的塔皮有兩種口感，一種和層次分明的酥脆派皮很類似，而另一種比例稍有不同，材料中使用了較大量的油脂，常用的是冷的純奶油，所以感覺像是牛油餅乾，有股香濃的奶油味。除了麵粉之外，也可以用壓碎的全麥消化餅，混合奶油後鋪入盤中壓緊作成塔皮；或是用磨細的核果做為塔皮的材料，更多了一股核果的香味。

擀平塔皮

　　擀開和派皮類似的塔皮時，可使用和擀開派皮時同樣的方式。但如塔皮的口感屬於和酥餅類似時，麵糰不是很容易直接擀平，可將麵糰上下各墊一層保鮮膜，再用擀麵棍擀開，麵糰在保鮮膜裡較不易散開，等擀開後撕去保鮮膜，將塔皮鋪在塔盤中央後，輕壓塔皮使其和塔盤邊緣密合，再撕去另一層保鮮膜，並把塔皮邊緣修平整。也可以採用輕壓法來鋪塔皮，將麵糰略為壓平後放在塔盤中央，用手掌輕輕壓平至均等的厚度，再把麵糰繼續壓平至塔盤的邊緣，最後以刀子將塔盤邊緣多餘的麵糰修平整。

■迷你水果塔、檸檬塔、起司塔。（賴淑萍製作）。

填入塔餡

塔皮塑形完成後，可視食譜將內餡填入預烤過、或完全未烘烤的塔皮中。填入新鮮水果烘烤而成的水果塔，若使用肉質較堅硬的新鮮水果，如梨或蘋果時，水果的厚薄度要盡量適中，因為過厚的片狀需要較長的時間才能烤軟，通常切成0.5公分的厚度即可，而如果用肉質較柔軟的水果，如李子或桃子等，就可以切稍微厚一些。有些水果切開接觸空氣會變色，為避免水果變色影響成品外觀，還有新鮮水果在加入糖後，水果本身的汁液也會釋出，所以水果部份可在最後再準備，才能確保成品最佳的風味及口感。在切好的水果上淋上新鮮的檸檬汁，可防止水果變成褐色，但不要將水果片泡在檸檬水中，水果會吸收太多的水份，也會造成內餡水份過多，無法保持塔皮底部的酥脆度。

裝飾塔餡

可在烤好的水果塔表面趁著微溫時刷上一層亮面果膠，除可加強成品風味之外，更使成品表面有一層光亮的色澤。在材料行可買到的亮面果膠，就可以用來刷在成品表面。但如果無法準備也無妨，可以試試美式家庭烘焙常用的方式，將果醬放入小鍋中以中火加熱至沸騰，加熱過程中請隨時攪拌以免煮焦，再將煮好的果醬用細網篩濾過果肉，置一旁保溫備用。可在未填入內餡的塔皮表面，先刷上一層煮好的果醬，再將水果內餡填入烘烤，剩餘的果醬可刷在烤好的水果塔上。

Q&A

Q 為什麼混合好的派或塔皮的麵糰不夠平滑呢？又為什麼在擀開時容易因沾黏而不好處理呢?

A 派或塔皮的麵糰不夠平滑，可能是混合麵糰的麵粉有顆粒，導致混合出來的麵糰表面不夠平滑，所以麵粉在使用前需先篩細較能確保麵糰質地。而麵糰在擀開時易沾黏，可能是麵糰中的水份比例過多，使麵粉的份量變得不足，以致麵糰過於濕軟，所以在加入冰水時，須一湯匙一湯匙慢慢加入，一旦麵糰攪拌成團時即可停止；或是麵糰因為過度攪拌，或是室內溫度較高，以致其中油脂融化滲出，麵糰無法保持低溫時，在擀開時就容易沾黏，所以麵糰盡可能保持低溫，如製作麵糰時室內溫度過高，可將麵糰及製作時的器具，先置於冰箱冷藏20～30分鐘，再從冰箱取出，盡快完成擀開的步驟。

Q 為什麼派或塔皮的麵糰在擀開時容易裂開呢？鋪盤塑形時產生破洞又該如何補救呢？

A 派或塔皮的麵糰在混合完成之後，必須先置於冰箱冷藏再擀開，如果麵糰因冷藏而變得太硬，在擀開時就容易有裂開的情形發生，可將過硬的麵糰置於室溫中，待其略為回軟再繼續擀開的步驟。另外，麵糰中水的份量不夠，麵粉無法吸收足夠水份，麵糰就會變得乾硬而難以擀開。擀開的派或塔皮在鋪入盤中時產生破洞，可用修整後剩餘的麵糰來補，取一小塊麵糰輕輕壓平於破洞處即可。

Q 為什麼烘烤完成的派或塔或，底部都過於濕潤而不酥脆呢?

A 想保留派或塔皮的酥脆度，可先經過第一次烘烤，再填入內餡完成烘烤步驟。先將冷藏過的塑形塔皮，在表面刺些洞，並蓋上一層鋁箔紙或烤盤紙，覆上豆子或米粒以預熱烤箱溫度220℃（425℉），先烘烤10～15分鐘，再取出塔皮除去豆子或米粒，填入準備好的內餡，降低烤箱溫度至食譜指定溫度，繼續烘烤至派餡熱透或凝固。如果烘烤水果塔時，可在預先烤好的空塔皮內部，塗上一層煮好的果醬或亮面果膠，更可確保塔皮保持酥脆。在略為冷卻後的預烤派皮中，塗上一層打散的蛋白，也可保持派皮底部不致過於濕軟。派或塔皮在鋪入塔盤時，也要確定平整沒有任何裂口，因為如果烘烤時底部有裂口，內餡的水份會從裂縫中滲到塔盤，就容易造成塔皮底部變得濕潤。

註：
1. 本單元所有食譜所用的量杯為1杯的液體容量＝240c.c.，使用前請先確定一下你的量杯容量，以免造成製作上的困擾。
2. 基本材料部份使用無鹽純奶油、等級為Large的雞蛋(連殼重約60克)及特細白砂糖。
3. 烘烤設備為單一溫度設定的西式大型烤箱，並以手持型電動攪拌器輔助攪拌。

FOUR.
最OK的烘焙食譜

這裡的10道食譜，不需要太特殊的烘焙烤具，材料也相當容易準備；是十分家常的烘焙成品，非常適合初學者嘗試；雖然食譜簡單易做，但風味絕對不打折哦！

食譜雖然沒有拍照，但每道糕點我幾乎都試做過兩次以上，並加上了相當詳細的步驟提醒，相信你也能一出手就成功。

找個閒暇的週末午後，準備好材料和器具，試試這些簡單的美式烘焙食譜，和親愛的家人一同分享成果吧！

核桃奶油酥餅
Walnut Shortbread

名為shortbread的酥餅源自於蘇格蘭，原本僅是在聖誕節和新年除夕時才會出現的節慶點心，但由於其香濃的風味受到大眾的喜愛，到了今日這種餅乾已成為日常點心，而不再只是在特殊日子才能享用。傳統的酥餅外形通常塑成圓形薄片，並習慣在邊緣捏出鋸齒狀，象徵太陽的光芒，再填入淺的陶製烤模中烘烤，最後將烤好的酥餅切成楔形食用。除了傳統的酥餅外形之外，現在也常見塑成圓形小餅，或切成方塊再來烘烤的成品。

但不論塑成何種形狀，材料中都只有油脂而沒有水份，所以做出來的餅乾非常香濃酥脆，配上熱茶絕對會讓你一片接一片停不下來哦！由於這個酥餅的風味來自於純奶油，所以不適合以酥油或其他油脂來替代，用純奶油才能做出香濃的成品。

材料 Ingredients

整瓣未切碎核桃仁 (Walnut)1杯（約100克）
奶油 (Butter)1/2杯（約114克）
糖粉 (Powder sugar)1/2杯（約45克）
中筋麵粉 (All-purpose flour)1杯（約120克）
香草精 (Vanilla extract)1茶匙
鹽1/8茶匙 (Salt)

準備 Preparation

烤盤：淺平烤盤
烤箱：預熱至175℃ (350
　　　℉)

烘烤時間 Baking Time

15~20分鐘

做法 Directions

Ⓐ 材料處理

1 將整瓣核桃仁烤香後切碎。

TIPS 將核桃仁平鋪於淺烤盤中，放入預熱至175℃(350℉)的烤箱中烘烤5~10分鐘，中途
　　　略為翻拌果仁以免烤焦，取出待完全冷卻後，切碎成米粒大小。

2 奶油置於室溫軟化，將切碎的核桃仁、麵粉和鹽混合均勻。

TIPS 奶油提前取出置於室溫軟化，較易於和其他材料均勻混合。

Ⓑ 開始製作

3 淺平烤盤中舖上一層烤盤紙，預熱烤箱至175℃(350℉)。

4 將奶油以電動攪拌器慢速攪拌20秒，加入糖粉和香草精，轉成中速攪拌
至均勻鬆發，最後拌入麵粉、鹽和碎核桃仁，減至慢速或用手工攪拌成均
勻的麵糰。

TIPS 拌入麵粉時建議以手工攪拌，較不易攪拌過度，只需攪拌至麵粉均勻混合入油脂中
　　　即可，過度攪拌易做出乾硬的成品。

5 將麵糰分成24等份的塊狀，揉成小圓球，間隔約2.5公分排在烤盤上，輕
輕壓平成直徑約4公分的圓形。

TIPS 如覺得麵糰黏手不好操作，可用保鮮膜將麵糰包起，放入冰箱冷藏至容易操作的硬
　　　度，冷藏麵糰時可塑成15x10公分的長方形，就很容易切成均等的24等份。

6 烤15~20分鐘從烤箱取出烤盤，靜置5分鐘後再將餅乾鏟至冷卻架上。

TIPS 烤至麵糰定型且底部邊緣呈淺金黃色即可，不需烤至餅乾表面均呈金黃色。剛出爐
　　　的酥餅很容易碎，所以一定要待其略為冷卻定型後再移動。

7 可將冷卻的酥餅撒上糖粉食用，或以融化的純巧克力裝飾。

TIPS 裝飾了糖粉或巧克力的酥餅可置於廚房蠟紙上防沾黏，未食用的餅乾可密封保存，
　　　待食用時再裝飾。

核桃布朗尼
Walnut Brownie

　　問美國人印象中最具代表性的塊狀 (Bar) 餅乾是什麼，恐怕十之八九會說是布朗尼(Brownie)！這個外形類似蛋糕的巧克力口味餅乾，因材料比例的不同口感也會略有不同，有些口感柔軟濕黏、有些厚實有韌性，也有添加如泡打粉或小蘇打粉等發酵素，製成口感和蛋糕很相近的成品。

　　布朗尼最早出現約在十九世紀，由誰發明已不可考，但有個說法相當有趣，作者James Trager在他的《食物年表》(The Food Chronology) 一書中說到，布朗尼的出現可能是由於某個家庭主婦，在烘烤巧克力蛋糕時，一時疏忽忘了加入發酵素，因而烤出膨脹不甚理想的成品，但也無意中做出了另一個受人歡迎的烘焙成品。

　　雖然布朗尼的口感略有不同，但主要材料不外乎是巧克力或可可粉、奶油、麵粉、糖和蛋等等，布朗尼通常不需加入任何發酵素，而蛋就成為膨脹的主要因素。巧克力或可可粉也是布朗尼不可少的材料。在美國還常見一種布朗地餅乾（Blondie），做法和材料都類似布朗尼，但因其不加入任何巧克力或可可粉，所以餅乾的名稱也就因成品金黃顏色而來。如喜歡巧克力風味的朋友，不妨來試試這個做法簡單的美式餅乾！

材料 Ingredients

無甜巧克力(Unsweetened chocolate) 56克

奶油(Butter)1/2杯（約114克）

蛋(Egg)2個

白砂糖(White granulated sugar)1杯（約200克）

中筋麵粉(All-purpose flour)1杯（約130克）

鹽(Salt)1/4 茶匙

香草精(Vanilla extract)1茶匙

整瓣未切碎核桃仁(Walnut)1杯 （約100克）

準備 Preparation

烤盤：8吋方形深烤盤

烤箱：預熱至190℃ (350
　　　℉)

烘烤時間 Baking Time

20~25分鐘

做法 Directions

Ⓐ 材料處理

1 蛋置成室溫，麵粉和鹽混合備用。

2 核桃仁烤香後切碎。

TIPS 核桃仁可切成粗顆粒，不要切得太細以免影響口感。

Ⓑ 開始製作

3 以隔水加熱法來融化巧克力和奶油，待完全融化後置一旁冷卻。

TIPS 準備一大一小2只鍋子，奶油切小塊、塊狀巧克力用刀切碎，一起放入大鍋中。小
　　　鍋中裝入適量的水，煮至快沸騰後保持小火，不必讓水一直沸騰，只需保持鍋中熱
　　　水的熱度；上面放上裝有巧克力和奶油的大鍋，容器的底部不要直接碰到鍋中的熱
　　　水，需保持3～5公分距離。待巧克力開始軟化時，用耐熱的橡皮攪拌刀或木匙，攪
　　　拌至均勻平滑。

4 準備一個8吋方形烤盤，舖上一層鋁箔紙，抹上一層油備用。預熱烤箱至
190℃(350℉)。

TIPS 鋁箔紙可裁剪略大於烤盤，邊緣可捲成把手狀，成品烤好時較易提起取出。

5在大型的攪拌盆中將蛋略為打散，加入白砂糖和香草精，以電動攪拌器中高速攪拌3～4分鐘，蛋汁會變得相當濃稠，加入融化的巧克力奶油，繼續將所有材料攪拌均勻。接著加入麵粉和鹽，拌入1/2杯的核桃仁，以手工攪拌均勻。

TIPS 拌入麵粉後不要過度攪拌，以免成品過於乾硬，可用橡皮刀或長柄木匙來攪拌。將麵粉和濕性材料拌至七、八成時，接著拌入1/2杯核桃仁，再將所有材料攪拌至均勻。

6將麵糊倒入準備好的烤盤中，表面均勻撒上剩餘的1/2杯核桃仁，放入烤箱烘烤20～25分鐘。

TIPS 在達到預定烘烤時間前5分鐘時，可用竹籤插入烤盤邊緣至餅乾中央的中心點（即烤盤的1/4處），如果不沾生料即已烘烤完成，不必擔心中央部份可能仍有些濕潤，如此才能烤出最理想濕潤度的布朗尼餅乾，這和一般蛋糕測試方式略為不同，如果以插入餅乾的中央來檢試，恐怕烤出來的成品會過乾。

7將烤好的成品從烤箱中取出，連同烤盤置於冷卻架上待完全冷卻，再將餅乾從烤盤中取出切塊。

TIPS 烤好的成品表面會出現一層脆殼，而且還會產生裂痕，這是由於材料中打發的蛋和砂糖，在經過遇熱烘烤後而形成。布朗尼餅乾採用不先倒扣出來，而是在烤盤中冷卻的方式，可使餅乾成品保持最大的濕潤度。

8切塊時可先將邊緣不規則或過硬的部分切除，再視個人喜好切成16等份的方塊、三角或菱形，食用前可在切塊的餅乾上，撒上一層糖粉或無甜味的可可粉裝飾。

TIPS 切塊時每切一刀後要將刀子浸入熱水，再擦乾刀刃上的水份，切出來的成品才會比較整齊。

小紅莓瑪芬
Dried Cranberry Muffin

美式瑪芬(American-style muffin)的外型和杯子蛋糕(Cupcake)十分類似，但口感和製做方式卻不太相同，瑪芬通常歸類於快速麵包(Quick bread)，以泡打粉和小蘇打粉為常用的膨大劑，口味變化從甜到鹹均可見。

除了這類和蛋糕十分近似的美式鬆糕之外，還有一種口感完全不同的英式瑪芬(English muffin)，是以酵母為發酵元素，所以口感是屬於酵母類麵包（麥當勞的滿福堡就是這種）。

美式瑪芬鬆糕做法十分簡單，只要準備好所有的材料，掌握適度的攪拌步驟，很短的時間裡即能做出理想的成品。瑪芬鬆糕配上香醇的現煮咖啡，即為典型的美式早餐搭配。

材料 Ingredients

酸奶 (Buttermilk) 1杯（約227克）
白砂糖 (White granulated sugar)1/2杯（約100克）
沙拉油 (Vegetable oil) 1/2杯 （約115克）
蛋 (Egg)2個
純香草精 (Pure vanilla extract)1茶匙
中筋麵粉 (All-purpose flour)21/2杯（約300克）
泡打粉 (Baking powder)2茶匙
小蘇打粉 (Baking soda)1/2茶匙
鹽 (Salt)1/2茶匙
蔓越莓乾 (Dried cranberry)3/4杯（約110克）

準備 Preparation

烤盤：杯形烤盤 (杯直徑21/2吋)
烤箱：預熱至205℃ (400℉)

烘烤時間 Baking Time

20~25分鐘

做法 Directions

Ⓐ材料處理

1將蔓越莓乾用溫水浸泡10分鐘,濾掉水份以紙巾拭乾水份。

2將酸奶和蛋置成室溫,泡打粉和小蘇打粉篩過備用。

TIPS 如買不到現成的酸奶,可在透明量杯中先加入1湯匙白醋或新鮮檸檬汁,再加入一
　　　般牛奶至1杯的量,靜置5~10分鐘後,待牛奶產生凝結且呈濃稠狀時,即可取代1
　　　杯份量的酸奶。

3準備 2 個大攪拌盆分別混合乾濕材料,1個碗將麵粉、白砂糖、泡打粉、
小蘇打粉、鹽和泡軟的蔓越莓乾混合在一起。蛋打散,加入酸奶、沙拉油
和香草精拌勻於另1個碗中。

TIPS 混合麵粉、砂糖、泡打粉、小蘇打粉和鹽等材料時,可用直立式打蛋器攪拌20秒左
　　　右,不但更容易混合均勻,而且乾粉材料因攪拌變得膨鬆,做出來的成品也會較為
　　　鬆軟,攪鬆再拌入泡軟的蔓越莓乾。

B 開始製作

4 杯形烤盤(共12個模型)內部和表面塗上油,或舖上同樣高度的烤盤紙杯,
預熱烤箱至205℃ (400°F)。

TIPS 舖上烤盤紙杯烤和直接將麵糊倒入烤模中,烤出來的成品外皮略有不同,舖了紙杯
　　 較易清理烤盤且外形較為好看,但鬆糕外皮較柔軟;直接在烤模中烤出來的成品,
　　 則多了一種酥脆的口感。

5 把濕的材料倒入混合好的乾粉材料中,用橡皮刀以翻拌的方式(約翻拌10
下),將乾粉拌至濕潤即可。

TIPS 麵糊雖然看起來有疙瘩,甚至仍有少許的乾麵粉,但在經過烘烤後就會消失,不需
　　 要將麵糊攪拌至完全均勻。過度攪拌會使麵糊產生筋性,成品就會失去鬆軟的特
　　 性,攪拌的時間次數愈短愈少,愈容易做出鬆軟的成品。

6 把麵糊平均填入準備好的烤盤中,烤20~25分鐘或用竹籤插入中央部份,
沒有生料即可。

TIPS 將麵糊挖至抹了油的量杯(1/4杯容量)再倒入烤模中,就可以將所有麵糊平均地分
　　 入烤模中。

7 烤好的瑪芬置於冷卻架上約5~10分鐘,即可取出趁溫熱時食用。

TIPS 未食用完畢的瑪芬可待其完全冷卻後密封冷凍保存,食用前先解凍再用鋁箔紙包
　　 好,放入175℃ (350°F) 的烤箱中,加熱10~12分鐘,或以微波爐解凍再加熱。

巧克力司康
Chocolate Chips Scone

司康餅(Scone)源於蘇格蘭，據說是以被稱為司康之石(Stone of Scone)或命運之石(Stone of Destiny)為命名的由來，有長久歷史的司康之石是位於蘇格蘭皇室加冕的地方。傳統的司康餅外形多為三角形，以燕麥為主要材料，以煎餅用的淺鍋來烘烤麵糰。

現在司康餅的主要材料則是麵粉，而且和一般烘焙點心一樣以烤箱烘烤，形狀也不再是一成不變的三角形，可以做成各式形狀，最常見的就是如肯德雞裡賣的圓形司康。司康餅的口味甜鹹均有，除了可以做為早餐之外，它也是英式下午茶最常見的茶點。

材料 Ingredients

中筋麵粉 (All-purpose flour)2杯（約240克）
白砂糖(White granulated sugar)1/4杯（約50克）
泡打粉 (Baking powder)1茶匙
小蘇打粉 (Baking soda)1/2茶匙
鹽 (Salt)1/2茶匙
奶油 (Butter)1/2杯 （約114克）
酸奶 (Buttermilk)2/3杯（約150克）
純香草精 (Pure vanilla extract)1茶匙
半甜巧克豆 (Semi-sweet chocolate chips) 1/2杯
（約85克）

準備 Preparation

烤盤：淺平烤盤
烤箱：預熱至200℃ (400℉)

烘烤時間 Baking Time

15~20分鐘

做法 Directions

Ⓐ 材料處理

1 奶油切成小塊放入冰箱冷凍約10分鐘。

2 酸奶從冰箱取出不必置成室溫，和香草精混合均勻。

3 攪拌盆中混合均勻中筋麵粉、砂糖、鹽和篩過的泡打粉和小蘇打粉。

Ⓑ 開始製作

4 淺平烤盤中鋪上一層烤盤紙，預熱烤箱至200℃ (400℉)。

5 將奶油塊放入攪拌盆中與麵粉混合成粗顆粒狀，加入巧克力豆拌均勻。

TIPS 先將冷凍的奶油加入乾粉材料中，使奶油塊表面覆上麵粉，再以奶油切刀混合油脂和麵粉。也可以用手指把奶油捏碎，這是最簡單的混合方式，較容易掌握油粉混合的程度，但大多數人不喜歡麵糰黏手的感覺。麵糰中若仍保持固體狀的細碎奶油無所謂，經過烘烤後即會融化，使得成品內部組織膨鬆柔軟。而如果將奶油和麵粉混合至粉末狀，成品內部則會變得較易產生碎屑。因此將奶油預先冷凍10分鐘，就是確保在混合時仍能保持低溫。

6 倒入酸奶和香草精，用叉子攪拌到材料都濕潤成團即可。

TIPS 用叉子攪拌可減少過度攪拌的機會。可將酸奶均勻的倒在麵粉表面，讓水份達到每個角落，亦可減少攪拌的次數，只需攪拌至麵粉變成濕潤，而且集中成麵糰時即可，不必攪拌至完全沒有顆粒的均勻狀態。

7 將麵糰倒在略撒乾麵粉的工作檯面上，手沾麵粉輕揉麵糰約5次。

TIPS 不需要長時間用力揉麵糰，避免將麵糰揉出筋性，只要揉至麵糰不黏手即可。

8 用手掌把麵糰輕壓成直徑約18公分的圓形，切成8等份，將切好的麵糰排在烤盤上，並在麵糰表面刷上一層牛奶。

TIPS 切開麵糰時使用較鋒利的刀，刀上可沾些乾麵粉，如此切出來的邊緣會較為整齊，且麵糰不易黏在刀刃上。

9 烤15~20分鐘至表面呈金黃色，取出靜置5~10分鐘後即可趁溫熱食用。

大理石磅蛋糕
Marble Pound Cake

　　奶油麵糊類蛋糕是最常見的美式蛋糕，而這類蛋糕可說都是由磅蛋糕（Pound Cake）變化而來。磅蛋糕於十八世紀時由英國移民傳入，其名稱由來是因所用材料以各1磅的奶油、麵粉、糖和蛋所製成。早期沒有電動攪拌器可供輔助，全是以手工攪拌，傳統的配方不含任何膨大劑，膨脹是否理想全靠打發的工夫；且沒有加入其他液體材料，因此麵糊非常濃稠，攪拌起來相當費時費力。當時也沒有可設定溫度的瓦斯或電烤箱，溫度的控制全憑烘烤時添入柴火的時機，所以磅蛋糕在當時可算是珍貴的、做為招待貴客之用的點心呢！

　　雖然現代的磅蛋糕材料比例早已改變，但所用的基本材卻仍是奶油、麵粉、糖和蛋，還加入了泡打粉和小蘇打粉等膨大劑，更確保蛋糕成品能有理想的膨脹情形。一片香濃的磅蛋糕，配上現泡的茶或咖啡，絕佳的下午茶組合！

材料 Ingredients

奶油 (butter) 3大匙（約43克）

無甜味可可粉 (Unsweetened cocoa powder)
2大匙

低筋麵粉 (Cake flour)2杯（約220克）

小蘇打粉 (Baking soda)1/2茶匙

泡打粉 (Baking powder)11/2茶匙

鹽 (Salt)1/4茶匙

白砂糖(White granulated sugar)1杯 （約200克）

奶油 (butter)3/4杯 （約170克）

蛋(Egg)2個

純香草精 (Pure vanilla extract)1茶匙

牛奶 (Milk)1/2杯 （約114克）

準備 Preparation

烤盤：8×4吋矩形烤盤

烤箱：預熱至175℃ (350
　　　˚F)，中途降至165
　　　℃ (325˚F)

烘烤時間 Baking Time

65~70分鐘

做法 Directions

Ⓐ 材料處理

1小鍋中先以小火融化3大匙奶油，加入可可粉，攪拌成均勻的糊狀。

TIPS 可可粉很容易結塊，因此秤量前先篩過再量出所需的份量，才不會過量且較易混合
　　均勻。需選用烘焙用的無甜味可可粉，不要以沖泡用的熱可可粉(Hot cocoa mix)
　　來替代。

2蛋、牛奶和3/4杯的奶油等材料先置成室溫，將香草精加入牛奶中。

TIPS 磅蛋糕的風味來自奶油，所以要使用無鹽純奶油做為材料。

3用網篩將低筋麵粉篩3~4次，再和小蘇打粉、泡打粉、鹽混合均勻。

TIPS 低筋麵粉製作出來的成品組織較細緻，但在測量份量時一定要準確，所以需先篩過
　　麵粉再秤量，並將量好的麵粉過篩數次，確定其中沒有結塊以利混合。

Ⓑ 開始製作

4 矩形烤盤抹上油並舖上烤盤紙，預熱烤箱至175℃ (350℉)。

5 將奶油以電動攪拌器低速攪拌30秒，接著轉成中高速並緩緩加入砂糖，將油脂和砂糖攪拌至鬆發的狀態。

TIPS 一開始低速攪拌的動作是將油脂打鬆，較利於加入白砂糖之後的打發動作，在打發砂糖和奶油時，中途將將攪拌盆壁上的材料刮至中央數次，才能達到均勻的混合狀態。將糖以一次1湯匙均勻撒在表面，較易和奶油攪拌均勻，每加入1湯匙約攪拌30秒。

6 轉成中速後加入第1個蛋，攪拌均勻後再加入第2個，將所有材料攪拌至均勻。

TIPS 蛋的打發狀況是影響蛋糕膨脹的因素，攪拌過度或不足均要避免，每個蛋約需攪拌1分鐘。

7 將步驟3的乾粉材料分成3等份，牛奶分成2等份加入，以慢速或手工將所有材料攪拌至均勻成香草麵糊。

TIPS 以乾→濕→乾→濕→乾的順序加入乾粉和牛奶，加入後不需過度攪拌，以免產生筋性影響蛋糕口感，只需攪拌至看不見任何乾粉，且麵糊十分平滑均勻時，即可停止。加入麵粉時可用網篩均勻篩在麵糊上，會比直接將麵粉集中倒在某一處，要來得容易混合均勻。

8 用橡皮刮刀將步驟1的可可奶油和1杯香草麵糊輕輕翻拌均勻成可可麵糊。

9 剩餘的香草麵糊先倒入2/3至烤盤中，舖上可可麵糊，再將剩餘的1/3香草麵糊倒在上方，抹平後用抹刀或筷子插入麵糊中，轉圓圈數次產生大理石般的花紋。

TIPS 因為可可麵糊重於香草麵糊，為了避免可可麵糊沉至底部，最下層的香草麵糊份量需略多於可可麵糊。可利用抹刀或筷子混合出大理石花紋，將筷子直立插入麵糊中畫圓圈，或用抹刀從側面插入以翻拌的方式，來產生出不同的花紋效果。畫圓圈或翻拌次數愈多，產生的花紋會較有變化，但次數過多亦可能會破壞麵糊中的打發效果，影響成品烘烤時的膨脹狀態。

10 抹平麵糊，入烤箱烤25分鐘，將烤溫降至165℃ (325℉)，繼續烘烤25分鐘，蓋上一層鋁箔紙再繼續烘烤15~20分鐘，待竹籤插入中央沒有生料即成。

TIPS 由於磅蛋糕的烘烤時間較長，為了避免蛋糕表面顏色太焦，可在烘烤時間最後的15~20分鐘時蓋上一層鋁箔紙。烤好的成品中央產生裂縫是正常的現象，這是麵糊中的水份蒸氣受烘烤的熱度而釋出的。

11 從烤箱取出後靜置10~15分鐘，將蛋糕倒扣於冷卻架上，完全冷卻後切片食用。

TIPS 通常磅蛋糕是切成片狀食用，不超過1/2吋的厚度，用鋸齒刀以來回拉鋸的方式，即可切出刀口整齊的片狀。未食用完的磅蛋糕，可像吐司一樣略為烘烤後再食用，別有一番風味。

杏仁天使蛋糕
Almond Angel Food Cake

　　天使蛋糕源自於移居賓州的荷蘭移民，最早出現於十九世紀中期。天使蛋糕的內部潔白如雪，是由於蛋糕體中不含任何蛋黃，完全由蛋白打發烘烤而成，所以天使蛋糕可算是無脂的甜點。配方中的糖份份量影響蛋糕的口感，糖的比例較高吃起來的口感較濕潤，會有種入口即化的感覺。

　　準備新鮮的材料，再加上正確地的打發蛋白，很容易就可以做出清爽的天使蛋糕。雖然美國超市可以買到現成的天使蛋糕粉，但當你吃過用新鮮蛋白做出來的蛋糕成品後，你就再也不會想去買現成的蛋糕粉囉！

材料 Ingredients

蛋白 (Egg white)6個
塔塔粉 (Cream of tartar)3/4茶匙
鹽 (Salt)1/8茶匙
白砂糖(White granulated sugar)6大匙（約75克）
純杏仁精 (Pure almond extract)3/4茶匙
低筋麵粉 (Cake flour)1/2杯（約55克）

準備 Preparation

烤盤：8吋圓形烤盤(高度3吋)
烤箱：預熱至175℃ (350℉)

烘烤時間 Baking Time

20~25分鐘

做法 Directions

Ⓐ 材料處理

1 將蛋白從全蛋中分出，倒入攪拌盆中靜置20分鐘成室溫。

TIPS 趁蛋仍處於低溫時，較易將蛋白和蛋黃分開；用來打發蛋白的攪拌盆，絕對需要乾燥無油，而且也不能有任何蛋黃混入蛋白中，否則會影響打發的效果。

2 低筋麵粉先篩過再秤量，量好的麵粉再用網篩篩3~4次備用。

Ⓑ 開始製作

3 準備一個8吋圓形烤盤，烤盤不需抹油，在底部舖上烤盤紙。預熱烤箱至175℃ (350℉)。

TIPS 可選擇帶扣或是活動底部的圓形烤盤，在取出蛋糕時會較為容易。為了使蛋糕有理想的膨脹狀況，選用未經過防沾處理的烤盤，蛋糕才能穩固地附著在烤盤上。

4 以電動攪拌器低速至中速開始攪拌蛋白，待蛋白開始呈泡沫狀時，加入塔塔粉和鹽。繼續以中速至中高速攪拌，攪拌至顏色變得不透明，開始呈現固體狀，蛋白向上膨脹隆起，此時開始慢慢加入白糖。

TIPS 不要一次將全部的糖從正中央倒入，一次加入1湯匙量的糖，並從邊緣緩緩加入，以免破壞蛋白的打發情形。務必選用顆粒較細的白砂糖，可先篩過數次避免結塊，確保可均勻溶解於打發的蛋白中。

5 以中高速打發至蛋白堅固平滑且有光澤，加入杏仁精再輕輕攪拌數下。

TIPS 提起攪拌器時蛋白尖端能維持形狀而不彎曲，此時己到達乾性發泡的打發狀況，即可停止打發的動作，以免過度打發蛋白會變碎。

6將麵粉分成3等份加入打發的蛋白中，用橡皮刀將所有麵粉和蛋白翻拌至完全均勻。

TIPS 用網篩均勻地將麵粉篩在打發蛋白表面，不要直接倒入中央，如此較不會因結塊而不易翻拌均勻；翻拌蛋白時盡量用最寬的橡皮刀，才能以最少的次數完成翻拌工作，減少因過度翻拌而破壞打發狀態的機會。

7將麵糊倒入準備好的烤盤中，抹平入烤箱烤20~25分鐘。

TIPS 用抹刀或筷子插入麵糊中劃「之」字形，可讓蛋糕麵糊中的大型氣泡釋出。由於蛋糕的膨脹全憑打發的蛋白，而蛋白打發必須盡速送入烤箱，以免因久置而導致氣泡散失。烘烤至蛋糕表面呈金黃色，且輕壓蛋糕表面時可感覺到有彈性，即完成烘烤的步驟，過度烘烤會導致蛋糕扁塌。

8從烤箱中取出後立刻倒扣，待烤盤中的蛋糕完全冷卻。

TIPS 如有蛋糕倒扣架，立刻將架腳叉入蛋糕中，反轉烤盤靜置至冷卻。如無倒扣架時，可準備4個高度一致的玻璃杯或馬克杯，先將杯子倒扣放穩在桌面上，再將倒扣的烤盤邊緣架於4個杯底上。倒扣的蛋糕和桌面需留一些距離，才能讓蛋糕的中的蒸氣有散出的空間，如倒扣的蛋糕離桌面過近，其蒸氣中的水份會回滲至蛋糕裡。

9用刀子沿著完全冷卻的蛋糕邊緣轉一圈，將蛋糕從烤盤中倒扣出來切片食用。

TIPS 切片時請用鋸齒刀以來回拉鋸的方式，即可切出整齊的片狀。

10可將天使蛋糕表面抹上糖霜或鮮奶油裝飾，或是試試最常見的美式方式～將切片的天使蛋糕盛入盤中，淋上煮過的草莓醬汁(Strawberry Topping)一起食用。

TIPS 將草莓洗淨拭乾水份，去蒂切成約4瓣，放入鍋中加入1/4杯(約50克)白砂糖和2大匙現榨檸檬汁，翻拌均勻後，以中火煮至沸騰，中途需經常攪拌，煮至草莓略為變軟，且糖漿變得濃稠時即可離火，冷卻後放至冰箱冷藏，食用前可先取出置成室溫，再淋在蛋糕上一起食用。

香橙海綿蛋糕
Orange Sponge Cake

海綿蛋糕因質地組織的不同,可分為兩大類: 一類是美式海綿蛋糕,因使用較多的蛋和糖,所以蛋糕成品較為濕潤柔軟,適合直接品嘗蛋糕成品; 而另一類法式海綿蛋糕則是糖份較少,使用了較高比例的蛋和麵粉,因此成品的柔軟度和濕潤度,都較美式海綿蛋糕來得小,但其較乾硬的特性卻適合用來當做許多甜點的基本材料,先將蛋糕像「海綿」一樣吸飽了香料酒(Liquor syrup),再搭配打發的鮮奶油或卡士達醬做成各式甜點,像提拉米蘇(Tiramisu)即是代表之一。

大部份的海綿蛋糕均不含膨大劑,完全是依靠打發的蛋來使蛋糕膨脹,只要掌握正確的打發步驟,就能做出理想的海綿蛋糕成品。

材料 Ingredients

低筋麵粉 (Cake flour) 1大杯(約110克)
蛋 (Egg)5個
現榨柳橙汁 (Fresh orange juice)5大匙(約70克)
柳橙皮 (Orange zest)1大匙
白砂糖 (White granulated sugar)1/2杯(約100克)
純香草精 (Pure vanilla extract)1茶匙
塔塔粉 (Cream of tartar)1/2茶匙
鹽 (Salt)1/2茶匙

準備 Preparation

烤盤:9吋圓形烤盤(高度3吋)
烤箱:預熱至165℃ (325℉)

烘烤時間 Baking Time

30~35分鐘

做法 Directions

Ⓐ 材料處理

1 趁低溫時將蛋白、蛋黃分開置於兩個攪拌盆中，靜置20分鐘成室溫。

TIPS 準備2個大型、1個中型的攪拌盆，盆中不能殘留任何油脂，將蛋黃分入中型攪拌盆中，蛋白分入大型攪拌盆中，另一個大型攪拌盆留待混合麵糊時之用。

2 麵粉用網篩篩3~4次。

3 香草精加入柳橙汁中，柳橙皮切碎置於一旁備用。

TIPS 用刨果皮器將柳橙皮刮下再用刀切碎，只需刨下橙色的部份。亦可使用專用果皮刨絲器(Zester)將果皮刨成細絲再切碎，或用小型刨絲器(Grater)直接將果皮橙色部份磨碎。磨碎的果皮曝露於空氣中，很容易就變乾而失去香味，如不立刻使用，要密封起來防止香味散失。

Ⓑ 開始製作

4 準備一個9吋圓形烤盤，烤盤不需要抹油，在底部鋪上烤盤紙。預熱烤箱至165°C (32°F)。

TIPS 亦可選擇帶扣或是活動底部的圓形烤盤，在取出蛋糕時會較為容易。為了使蛋糕有理想的膨脹狀況，選用未經過防沾處理的烤盤，蛋糕才能穩固地附著在烤盤上。

5 以電動攪拌器中高速攪拌蛋黃1分鐘，再從邊緣慢慢加入1/2量的白糖，繼續攪拌至濃稠，接著加入香草柳橙汁，以低速攪拌約1分鐘至均勻。

TIPS 打發蛋黃至顏色呈淺黃色，蛋黃變得十分濃稠時，將攪拌器輕輕提起，蛋黃呈水柱狀且可保持約10公分長而不斷即可。

6 將低筋麵粉分成3等份分次篩入，用直立式打蛋器攪拌至均勻，輕輕拌入柳橙皮，最後將攪拌好的蛋黃麵糊倒入大攪拌盆中，蓋好置一旁備用。

TIPS 將麵粉均勻篩在打發的蛋黃表面，會比將麵粉直接倒在中央，要來得容易攪拌均勻，而且麵粉加入時再次過篩，可確保加入至打發蛋黃中時不會有結塊的顆粒。攪拌時動作盡量要輕，攪拌至看不見任何乾麵粉即可停止。

7 先以電動攪拌器中低速至中速開始攪拌蛋白，待蛋白開始呈泡沫狀時，加入塔塔粉和鹽。繼續以中速至中高速攪拌，攪拌至顏色變得不透明，且開始呈現固體狀，蛋白向上膨脹隆起，此時從邊緣慢慢加入剩下的白糖。

TIPS 以一次加入1湯匙的量，從邊緣緩緩加入，不要一次將全部的份量從正中央倒入，以免破壞蛋白的打發情形。

8以中高速至高速打發至蛋白堅固平滑且有光澤即可。

TIPS 提起攪拌器時蛋白尖端能維持形狀而不彎曲，此時己到達乾性發泡的打發狀況，即
可停止打發的動作，以免過度打發蛋白會變碎。

9將少量的蛋白拌入蛋黃麵糊中，再將剩下的蛋白分成3等份，分次拌入蛋
黃麵糊中。

TIPS 先拌入少量蛋白是為了使蛋黃麵糊較為鬆散，比較容易將其餘的蛋白拌入。翻拌時
盡量用最寬的橡皮刀，才能以最少的次數，將所有材料翻拌至完全均勻。

10將麵糊倒入準備好的烤盤中，抹平入烤箱烤30~35分鐘。

TIPS 麵糊一攪拌好就需要盡快放入烤箱中，以免打發的氣泡散失。可用抹刀或筷子插入
麵糊中劃「之」字形，讓蛋糕麵糊中的大型氣泡釋出，蛋糕才會均勻的膨脹。烤至
蛋糕表面呈金黃色，輕壓蛋糕表面時可感覺到彈性，且中央會略為隆起時即可取
出。烘烤海綿蛋糕時間的控制很重要，過度烘烤蛋糕則會太乾失去風味，而烘烤不
足則會造成蛋糕回縮。

11從烤箱中取出後立刻倒扣，待烤盤中的蛋糕完全冷卻。

TIPS 如有蛋糕倒扣架，立刻將架腳叉入蛋糕中，反轉烤盤靜置至冷卻。但如無高腳的倒
扣架時，可準備4個高度一致的玻璃杯或馬克杯，先將杯子倒扣放穩在桌面上，再
將倒扣的烤盤邊緣架於4個杯底上。

12用刀子沿著冷卻的蛋糕邊緣轉一圈，將蛋糕從烤盤中倒扣出來切片食
用。

TIPS 切片時請用鋸齒刀以來回拉動的方式，即可切出整齊的片狀。

香草乳酪蛋糕
Vanilla Cheesecake

　　雖然乳酪蛋糕的來源說法不一，但普遍認為最早的乳酪蛋糕是出現在古代的希臘，第一次奧林匹克競賽上提供給參賽者食用。隨著羅馬帝國征服希臘後，乳酪蛋糕也傳遍歐洲，全歐各地幾乎都知道製做乳酪的方法和技巧，因此也集合了各地不同的原料和做法，讓乳酪蛋糕有了更多不同的變化。

　　乳酪蛋糕在歐洲經過長時間的發展，早已成了歐洲許多地區的傳統食物，因此當許多歐洲人移民到美洲，除了到新大陸展開新生活之外，也把傳統乳酪蛋糕的食譜和做法帶來。所以現在美式常見的乳酪蛋糕，因不同地區移民而有不同的變化做法；雖然有不同的口味和做法，但乳酪蛋糕卻早已成了受歡迎的美式食物之一。

材料 Ingredients

底部餅乾部份～
全麥餅乾屑 (Graham cracker crumbs)1杯 （約100克）
白砂糖 (White granulated sugar)1大匙
奶油 (Butter)5大匙 （約72克）
內餡部份～
奶油乳酪 (Cream cheese) 680克
白砂糖 (White granulated sugar)1杯 （約200克）
蛋 (Egg)3個
純香草精 (Pure vanilla extract)2茶匙
牛奶 (Milk)1/4杯 （約57克）
中筋麵粉 (All-purpose flour)3湯匙

準備 Preparation

烤盤：9吋圓形帶扣烤盤、
　　　大型深平烤盤
烤箱：預熱至165℃ (325
　　　℉)

烘烤時間 Baking Time

55~60分鐘

做法 Directions

Ⓐ材料處理

1全麥餅磨碎至1杯的份量，和1大匙白砂糖混合均勻。

TIPS 將小塊消化餅放入密封塑膠袋中，擠出空氣將袋子密封，再用擀麵棍來回滾動，直至袋中的餅乾壓碎成均勻的粉末狀。如有食物處理機(Food processor)可較為省力，但不要使用果汁機(Blender)來磨碎餅乾，果汁機的容器底部太窄，無法十分均勻地磨碎消化餅。

2將5大匙奶油在小鍋中融化。

3蛋提前取出置成室溫，奶油乳酪切成小塊置成室溫。

TIPS 除了提前自冰箱取出置成室溫之外，亦可利用微波爐低火力來軟化奶油乳酪。

4牛奶置成室溫，加入香草精。

Ⓑ開始製作

5準備一個 9 吋圓形帶扣烤盤，內部抹油、外部以鋁箔紙包起來。預熱烤箱至165℃ (325℉)。

TIPS 以鋁箔紙包起外部是為了防止水份滲進烤盤中，準備2~4張大型方形的鋁箔紙，較薄的鋁箔需準備4層，如用厚的包2層即可。以不同角度將鋁箔紙疊在一起，尖角朝不同方向變成星形，將烤盤置於其上，再將鋁箔紙的尖角向上攏起，像碗一樣將烤盤包起，並將鋁箔紙邊緣朝外翻折。

6融化的奶油、餅乾屑和白砂糖攪拌均勻，舖入烤盤底部壓平，放入冰箱冷藏。

TIPS 將拌了奶油的餅乾屑平均舖於烤盤中，可先蓋上一層保鮮膜，再用平底碗或手掌來壓緊餅乾屑，並以金屬湯匙的尖端，將餅乾派皮的邊緣壓整齊。

7以電動攪拌器慢速將奶油乳酪攪拌30秒，轉至中速慢慢加入白砂糖，攪拌至均勻鬆發。

TIPS 此步驟對成品內餡是否平滑影響很大，奶油乳酪置成室溫後會變軟，也較易和其他材料攪拌均勻。如果奶油乳酪在攪拌混合後仍有小塊狀沒有拌均勻，是無法利用烘烤的步驟來補救，也因此烤出來的成品內餡仍舊不會平滑。

8加入蛋以中速攪拌均勻，一次加入一個蛋，拌均勻後再加入下一個。

TIPS 乳酪蛋糕的內餡在加入蛋之後就不要過度攪拌，以免成品烘烤時會產生很多裂痕，
每個蛋約攪拌20秒即可，只需攪拌至看不出蛋黃蛋白即可。

9轉成慢速加入麵粉拌勻，加入香草精牛奶，並將全部材料攪拌均勻。

10將內餡倒入準備好的烤盤中，再將烤盤置於大型深平烤盤中。

TIPS 請注意鋁箔紙邊緣不要碰到內餡表面。長方形烤盤需大於圓形烤盤，兩個烤盤之間
需有空間，才能讓熱度平均流通。

11將大型深平烤盤先置於預熱烤箱的鐵架上，注入熱水至長方形烤盤中。

TIPS 水加至圓形烤盤一半的高度即可，並注意不要讓水濺入內餡中。

12入烤箱烘烤55~60分鐘至內餡凝固。

TIPS 此時乳酪蛋糕的內餡表面看起來應該凝固，但卻是濕潤而不乾硬，輕輕搖晃時感覺
有點像果凍，用手指輕壓內餡中央時會感到有彈性時，應該就完成烘烤的步驟，如
表面有一點點裂痕亦屬正常。

13將烤箱電源關掉，讓乳酪蛋糕靜置於逐漸降溫的烤箱中 1 小時。

TIPS 烤箱中的餘溫使蛋糕更加凝固，可將烤箱門拉開一道縫，用耐熱的長柄木攪拌匙隔
著，使烤箱溫度慢慢散失且保持空氣流通。

14烤盤取出立刻用刀沿著蛋糕邊緣轉一圈，使蛋糕從烤盤邊緣鬆脫，再除
掉鋁箔紙，置於冷卻架上2小時，至微溫時用刀沿著蛋糕邊緣轉一圈，先不
加蓋放入冰箱中，等到完全冷卻後密封冷藏。

TIPS 乳酪蛋糕可提前1~2天製作，蛋糕經過較長時間的冷藏，其風味會更加融合，內餡
也較穩固，利於切出整齊的片狀。切片時先將刀浸入熱水，且每切一刀後都要浸一
次熱水，並用紙巾擦乾刀面，如此切出來的成品才會美觀。可提前一小時從冰箱中
取出，置成室溫時再品嚐。

糖酥水蜜桃派
Canned Peach Crumb Pie

出現在古代埃及的一種酥皮，應可以算是最早出現的派皮了；而第一個正式的派食譜則是來自於古羅馬，這個派的製作方法可能是得自於希臘，隨著羅馬勢力擴張於全歐洲，派的做法也就隨著羅馬大軍傳遍各國。歐洲的移民將派帶到美國，一片香酥的蘋果派配上冰淇淋，便成了典型的美式甜點搭配，儘管派並非源於美國，但卻在美國發揚光大，成了最受歡迎的美式甜點之一。

酥酥脆脆的派皮，可以填入各式的甜鹹內餡，做出風味不同的成品。水果派，通常以使用新鮮水果為材料，但在非季節時罐裝水果一樣也能做出美味的成品。

材料 Ingredients

派皮部份～
中筋麵粉 (All-purpose flour)1½杯（約180克）
鹽 (Salt)1/4茶匙
白油或酥油 (Shortening)1/2杯 （約96克）
冰水 (Cold water)3~4湯匙

內餡部份～
罐裝水蜜桃片 (Canned peach) 4杯 （約1,000克）
白砂糖 (White granulated sugar) 1/4杯 （約50克）
中筋麵粉 (All-purpose flour)2大匙
奶油 (Butter)2大匙（約29克）

糖酥部份～
中筋麵粉 (All-purpose flour)1/2杯 （約60克）
黃砂糖 (Brown sugar)1/2杯 （約80克）
肉桂粉 (Ground cinnamon)1/2茶匙
奶油 (Butter)1/4杯 （約57克）

準備 Preparation

烤盤：9吋淺派盤
烤箱：先預熱至220℃
(425℉)，再降至
190℃ (375℉)

烘烤時間 Baking Time

派皮預烤10分鐘，全派烘烤30分鐘

做法 Directions

Ⓐ 材料處理

1 混合均勻派皮部份的中筋麵粉和鹽。

2 罐裝水蜜桃濾乾糖水，保留約1/3杯的糖水。

TIPS 選用肉質較硬的罐裝水蜜桃，盡可能將糖水濾乾；可提前將水蜜桃倒入網篩，並置於冰箱1~2小時待水份濾乾。

3 混合均勻內餡部份的白砂糖和麵粉。

4 混合均勻糖酥部份的麵粉、黃砂糖和肉桂粉。

5 將油酥部份的奶油切成小塊並冷凍10分鐘。

TIPS 準備數個攪拌盆雖然增加清潔的工作，但預先將材料分開準備好，才不容易遺漏任何材料。

Ⓑ 開始製作

6 白油或酥油分成小塊，加入混合好的派皮麵粉中，翻拌使油脂覆上麵粉。

TIPS 白油或酥油在室溫中可保持固體狀，不必冷藏即可直接加入麵粉中，如使用純奶油來替代酥油或白油製作派皮，需先將奶油略為冷凍，以利操作時不致於太快融化。

7 用奶油切刀將油脂和麵粉混合成粗顆粒狀。

TIPS 除了使用奶油切刀來混合油脂及麵粉之外，由於酥油或白油較奶油來得軟，如用兩把西餐刀交錯切割的混合效果會比使用奶油切刀的效果更好，可左右兩手各持一把西餐刀，以反方向朝左右橫切，在切的過程中即可將油脂切入麵粉中；但如使用冷凍過的純奶油時，可直接用手指將油脂壓碎，或用奶油切刀處理。

8 加入冰水並用叉子混合麵糰。

TIPS 加入冰水時以一次加入1湯匙的量，輕輕攪拌均勻後再加入下1匙，最後1~2湯匙時可一點一點地加入，直到麵糰變濕潤並集中即可，過乾的派皮麵糰在擀開時較易碎，而太濕軟的麵糰則很容易沾黏，因此需仔細控制水的份量。

9 將麵糰倒在保鮮膜上，包好放入冰箱冷藏至少30分鐘。

TIPS 將派皮麵糰邊緣用手輕整成圓形，再把麵糰包起輕輕壓平成圓餅狀，可提前一天先準備派皮，冷藏至第二天要製作派時再取出。

10將派皮擀開舖上派盤，放入冰箱再冷藏30分鐘。

TIPS 在撒了乾粉的檯面上，將麵糰擀至大於派盤底部直徑約5公分，即可舖上派盤並修整派皮邊緣。冷藏過的派皮麵糰，軟硬需適中才能擀出理想的派皮，固定方向從中央朝外擀開，不要來來回回地一直擀，注意每個角度擀的次數要平均，才不會擀出厚薄不均的派皮，擀至邊緣時力道不要太大，以免派皮的邊緣太薄。

11派皮放入預熱至220°C (425°F)的烤箱預烤10分鐘，取出派皮靜置備用，將烤箱溫度降至190°C (375°F)。

TIPS 用叉子在舖好的派皮上刺些洞，將抹了薄油的鋁箔紙或烤盤紙蓋在派皮上，倒入八分滿的乾豆子或米粒，入烤箱先烘烤6分鐘後，除去鋁箔紙再繼續烤4分鐘。

12白砂糖、麵粉和水蜜桃糖水，煮至沸騰濃稠狀。

TIPS 在小鍋中先倒入預留的水蜜桃糖水，再加入混合好的白砂糖和麵粉，攪拌均勻後以中小火煮至沸騰濃稠，並請經常攪拌以免結底。

13離火後加入2湯匙奶油，攪拌至奶油融化後，加入水蜜桃並翻拌均勻，再將派餡倒入預烤好的派皮中。c

14用手或叉子將所有糖酥材料，混合成均勻的粗顆粒。

TIPS 如想要有不同的口感，可將一半的麵粉改成燕麥片或玉米碎粒。

15將糖酥均勻撒在派餡上，入烤箱烤30分鐘。

TIPS 烤至糖酥呈金黃色，且派餡中的汁液至沸騰，取出靜置至微溫時即可切片食用。未食用完的派請冷藏保存，再次食用時先取出置成室溫，可搭配打發的鮮奶油或是冰淇淋。

全麥葡萄乾吐司
Whole Wheat Raisin Bread

　　麵包對西方人而言，就像米飯對東方人一樣重要，十八、九世紀時的美國，沒有烘焙專賣店可供選擇，主婦為了全家一週的麵食需求，就得用萬能的雙手變出供一家大小食用的麵包。早期的烘焙環境相當克難，材料的品質和烘焙設備都不如今日，麵粉桶裡除了麵粉之外，還有不少如蟲子、石子等等的雜質，在商業化的新鮮或乾燥酵母尚未問世前，主婦需要自己想辦法找到發酵原料。發酵的時間不容易控制，生火加熱烤爐更是一件大工程。

　　相對於早期烘焙的環境，現代人真是輕鬆許多；如果沒時間或沒意願自己烘烤麵包，隨時可買到現成的成品；而對於烘焙有興趣的人，現代化的烤箱更是一大幫助，隨時都可以烤出新鮮的麵包。找個閒暇的日子，感受一下室內滿溢著出爐麵包香味的幸福吧！

材料 Ingredients

白砂糖 (White granulated sugar)2大匙
活性乾燥酵母 (Active dry yeast)21/4茶匙
溫水 (Warm water)3/4杯（約160克）
溫牛奶 (Warm milk)1/4杯（約57克）
沙拉油 (Vegetable oil)1大匙
全麥麵粉 (Whole wheat flour)1杯（約120克）
中筋麵粉 (All-purpose flour)2杯 （約240克）
鹽 (Salt)1茶匙
葡萄乾 (Raisins)1/2杯 （約80克）

準備 Preparation

烤盤：8×4吋矩形烤盤
烤箱：預熱烤箱至200℃
　　　(400°F)

烘烤時間 Baking Time

30~35分鐘

做法 Directions

Ⓐ 材料處理
1 水和牛奶加熱至40～45℃ (105~115℉)。
2 葡萄乾用溫水泡軟，濾乾水份並用紙巾拭乾。

Ⓑ 開始製作
3 將40～45℃溫水倒入量杯中，加入酵母和白砂糖。

TIPS 將酵母和白砂糖加入溫水中，略為攪拌並靜置10分鐘，酵母即會產生泡沫。理想的
　　　水溫是發酵能否成功的最大關鍵，因此準備一個溫度計正確測量水溫，可確保麵包
　　　成品理想的膨脹。白砂糖亦是幫助酵母發酵的重要因素，糖能讓酵母細胞逐漸膨
　　　脹，當適量的糖和酵母混合在一起，經過作用後即會產生泡沫。

4 酵母液體倒入攪拌盆中，加入溫牛奶、沙拉油、鹽、中筋麵粉和全麥麵
粉各1杯，以手工攪拌均勻。

TIPS 此時麵糰會較為黏稠，但請耐心攪拌，以桌上立型攪拌器來攪拌較為省力，但如無
　　　設備以手工攪拌也同樣能攪拌均勻。

5 加入剩餘的麵粉和葡萄乾，用攪拌匙手工攪拌成麵糰。

TIPS 麵粉可能因為研製過程的不同，還有可能在量麵粉時緊密程度不一，先以一次加入
　　　1/2杯的量，直至麵糰集中時即可開始揉的步驟，剩餘的麵粉可留待揉麵時再加
　　　入，避免因一次加入所有的麵粉，造成麵糰過硬過乾，而影響麵糰的發酵。

6 在乾淨的桌面或板子上略撒麵粉，將麵糰揉約8~10分鐘。

TIPS 揉麵時不能只用手掌把麵糰壓平，揉麵的力道不必過大，而要讓麵糰有延展的感
　　　覺，揉麵的動作不可忽略，但也不能過度揉，將麵糰揉到平滑不黏手時，用手指輕
　　　壓揉好的麵糰，感覺麵糰已有彈性，且指痕處會略微向上彈起回復，應該就完成揉
　　　麵的步驟。新手揉麵可能需要較長的時間，才能達到平滑有彈性的狀態，多練習幾
　　　次必能掌握揉麵的感覺和技巧。

7將揉好的麵糰置於大攪拌盆中進行第一次的發酵。

TIPS 將揉好的麵糰塑成球狀,放入抹了一層油的攪拌盆中,翻轉至麵糰表面都均勻沾上油,蓋上乾淨的布放在溫暖通風處,讓麵糰發酵45~60分鐘,或至麵糰膨脹成約兩倍大。因發酵環境的溫度高低不同,時間長短也會有影響,待麵糰膨脹至兩倍大時,可用中指和食指輕輕插入麵糰中,如麵糰沒有塌陷仍能維持洞的形狀,應該就已完成第一次的發酵步驟了。

8把麵糰先擀成長方形再捲成長筒狀,捏緊底部和兩端封口。

TIPS 用拳頭輕壓出麵糰中的空氣,並把麵糰輕輕擀成30×20公分的長方形,從短邊開始捲緊成長筒狀,接縫要仔細捏緊,把兩端封口捏緊往下拉,用麵糰本身壓住,才不會在第二次發酵時張開。塑形時不要過度用力拉扯麵糰,避免塑形後的麵糰在發酵時膨脹不平均。

9平放在抹了油的矩形烤盤中,讓麵糰進行第二次發酵。

TIPS 將烤盤中的麵糰蓋上布放在溫暖的地方,進行第二次發酵,約30~45分鐘,麵糰將膨脹成兩倍大。

10入預熱至200℃ (400℉)的烤箱烤30~35分鐘,至表面呈金黃色。烤好後略放1分鐘,再從烤盤扣出放在冷卻架上冷卻。

TIPS 烤好的麵包應呈現均勻的膨脹、表面呈均勻金黃色澤,用手輕拍麵包時如出現中空的聲音,即已完成烘烤的步驟。可在預計烘烤時間到達前10分鐘時,檢查一下麵包表面的顏色,如果顏色已經頗深時,蓋上一層鋁箔紙繼續完成烘烤的時間,可避免成品表面的顏色過焦。

朱雀文化　和　你　快　樂　品　味　生　活

COOK50053
吃不胖甜點
—— 減糖、低脂、真輕盈
金一鳴 著　定價280元

■天使、戚風和海綿蛋糕，小餅乾、派和塔，可麗餅、瑪芬和思康，輕盈的慕思、果凍、果醬和冰品，舒芙蕾、提拉米蘇，布丁和奶酪。
■以蛋白為主要原料，減少鮮奶油的使用量，加入優格、豆腐和新鮮水果，減糖、低脂，真輕盈！

COOK50030
麵包店點心自己做
—— 最受歡迎的50道點心
游純雄 著　定價280元

■50道由烘焙名師、老饕及讀者票選出來的超人氣糕點，包含深植人心永不退流行的菠蘿、紅豆麵包、蛋塔、蜂蜜蛋糕、起酥蛋糕等。在地伴手美食，奶油酥餅、蛋黃酥、老婆餅、鳳梨酥、綠豆糕等。西式流行點心及最IN的明星糕點：提拉米蘇、重乳酪蛋糕、農夫麵包、北歐松子麵包等。

COOK50045
餅乾・巧克力
—— 超簡單・最好做
吳美珠 著　定價280元

■「餅乾」和「巧克力」是讓初學者最安心製作且最容易成功的點心。
■本書以詳細的圖文呈現出50種最好做、好吃、好看的餅乾及巧克力，有近300張清楚的步驟圖，讓新手能輕鬆進入西點世界，做出不失敗的點心。

COOK50034
新手烘焙最簡單
—— 超詳細的材料器具全介紹
吳美珠 著　定價350元

■本書重點在於將烘焙的材料、器具以及基礎用語和做法等，以詳細的圖文呈現，讓新手能由近600張清楚的圖片及文字說明進入西點世界，做出不失敗的點心。並特別標示出常用的內餡和鋪底用蛋糕片做法，方便查詢使用。書內附有超值優惠券。

QUICK006
Cheese! 起司蛋糕
—— 輕鬆做乳酪點心和抹醬
賴淑芬及「日出，大地的乳酪」蛋糕工作團隊 製作
定價280元

■最簡單的8種乳酪蛋糕，包括原味、黑色曼巴、綠茶山藥、野花秘密、玫瑰白酒、紅色肉桂、紫色薰衣草和黃色香蕉。7種乳酪甜點，包括餅乾、馬芬、慕斯、麵包、布丁、提拉米蘇和冰砂；5種乳酪鹹點，包括鹹蛋糕、司康餅、乳酪餅、米糕和千層派；以及6種乳酪抹醬和小品。

COOK50039
來塊餅
—— 發麵、燙麵、異國點心70道
趙柏淯 著　定價300元

■提供市面上最流行及普遍可見的70道中外麵點，以燙麵發麵及油酥油皮製成。
■包括最受歡迎的小籠包、蟹黃湯包、水煎包等；街頭可見的蔥油餅、蔥抓餅、餡餅、韭菜盒等；道地麵點燒餅、牛肉卷餅、烙餅、蟹殼黃、胡椒餅、饅頭等；以及時下最流行的國外點心貝果、披薩、印度Q餅等。

COOK50014
看書就會做點心
——第1次做西點就OK
林舜華 著　定價280元

■50種初學者適用的西點食譜，包含餅干、蛋糕、泡芙、提拉米蘇、巧克力及涼品。
■特別著重介紹製作西點的基礎常識，如蛋白打發、鮮奶油打發、融化巧克力、手製擠花袋、戚風蛋糕、塔皮、派皮的做法。並列出常用工具與材料，包含詳盡的種類、用途、價位及何處選購說明。

COOK50005
烤箱點心百分百
——減糖、低脂、真輕盈
梁淑嫈 著　定價320元

■以紮實詳細的小步驟圖帶領讀者進入西點烘焙世界，內容包括：蛋糕、麵包、派、塔、鬆餅、酥餅和餅干、小點心、發麵及丹麥麵包的製作方法，以及千層派皮、塔皮的製作方法。
■教你做一個師傅級的戚風蛋糕，以及為心愛的人裝點一個美麗的蛋糕。

COOK50027
不失敗西點教室
——最容易成功的50道配方
安妮 著　定價320元

■示範國內外最流行的50道美味點心，有紮實詳細的步驟圖及準確好吃的配方。
■書中詳盡介紹西點基礎常識、烘焙術語、工具材料的種類及價錢、製作西點Q＆A。每道點心中均有作者的烹飪經驗與建議，並清楚標示出可使用的模具種類及賞味期限、口感描述。

COOK50002
西點麵包烘焙教室
——乙丙級烘焙食品技術士考照專書
陳鴻霆、吳美珠 著　定價480元

■提供91年度最新增修的45道術科考題以及學科試題，另有評分要點說明，是目前市面上最詳細的烘焙考照參考用書。
■含詳盡的製作步驟圖示範，更提供檢定評分的扣分標準，提醒考生留意減少扣分。

COOK50012
心凍小品百分百
——減糖、低脂、真輕盈
梁淑嫈 著　定價280元

■本書運用坊間可買到的各種天然凝固劑，設計出各式各樣的甜、鹹、消暑開胃小品。
■從最傳統的洋菜粉、布丁粉、葛粉、地瓜粉，以及吉利丁、聚力T　，甚至豬皮都可以烹調出各種食物，不僅可製作甜點、果凍、冰寶，還可以做出各式各樣冰涼的菜餚。

COOK50001
做西點最簡單
——減糖、低脂、真輕盈
賴淑萍 著　定價280元

■蛋糕、餅干、塔、果凍、布丁、泡芙、１５分鐘簡易小點心等七大類，共50道食譜。
■清楚的步驟圖、詳細的基礎操作、事前準備和工具整理、作者的經驗和建議、常用術語介紹，讓你輕鬆進入西點世界。

朱雀文化 和 你 快 樂 品 味 生 活

Cook50	基礎廚藝教室		
Cook50001	做西點最簡單	賴淑萍著	定價280元
Cook50002	西點麵包烘焙教室(五版)——乙丙級烘焙食品技術士考照專書	陳鴻霆・吳美珠著	定價480元
Cook50003	酒神的廚房——用紅白酒做菜的50種方法	劉令儀著	定價280元
Cook50004	酒香入廚房——用國產酒做菜的50種方法	劉令儀著	定價280元
Cook50005	烤箱點心百分百——看書就會做成功點心	梁淑嫈著	定價320元
Cook50006	烤箱料理百分百——看書就會做美味好菜	梁淑嫈著	定價280元
Cook50007	愛戀香料菜——教你認識香料、用香料做菜	李櫻瑛著	定價280元
Cook50009	今天吃什麼——家常美食100道	梁淑嫈著	定價280元
Cook50011	做西點最快樂	賴淑萍著	定價300元
Cook50012	心凍小品百分百——果凍・布丁(中英對照)	梁淑嫈著	定價280元
Cook50013	我愛沙拉——50種沙拉・50種醬汁(中英對照)	金一鳴著	定價280元
Cook50014	看書就會做點心——第一次做西點就OK	林舜華著	定價280元
Cook50015	花枝家族——透抽軟翅魷魚花枝章魚小卷大集合	邱筑婷著	定價280元
Cook50016	做菜給老公吃——小倆口簡便省錢健康浪漫餐99道	劉令儀著	定價280元
Cook50017	下飯ㄟ菜——讓你胃口大開的60道料理	邱筑婷著	定價280元
Cook50018	烤箱宴客菜——輕鬆漂亮做佳餚(中英對照)	梁淑嫈著	定價280元
Cook50019	3分鐘減脂美容茶——65種調理養生良方	楊錦華著	定價280元
Cook50021	芋仔蕃薯——超好吃的芋頭地瓜點心料理	梁淑嫈著	定價280元
Cook50022	每日1,000Kcal瘦身餐——88道健康窈窕料理	黃苡菱著	定價280元
Cook50023	一根雞腿——玩出53種雞腿料理	林美慧著	定價280元
Cook50024	3分鐘美白塑身茶——65種優質調養良方	楊錦華著	定價280元
Cook50025	下酒ㄟ菜——60道好口味小菜	蔡萬利著	定價280元
Cook50026	一鍋麵——湯麵乾麵異國麵60道	趙柏淯著	定價280元
Cook50027	不失敗西點教室——最容易成功的50道配方	安 妮著	定價280元
Cook50028	絞肉 の料理——玩出55道絞肉好風味	安 妮著	定價280元
Cook50029	電鍋菜最簡單——50道好吃又養生的電鍋佳餚	梁淑嫈著	定價280元
Cook50030	麵包店點心自己做——最受歡迎的50道點心	游純雄著	定價280元
Cook50031	一碗飯——炒飯健康飯異國飯60道	趙柏淯著	定價280元
Cook50032	纖瘦蔬菜湯——美麗健康、免疫防癌蔬菜湯	趙思姿著	定價280元
Cook50033	小朋友最愛吃的菜——88道好做又好吃的料理點心	林美慧著	定價280元
Cook50034	新手烘焙最簡單——超詳細的材料器具全介紹	吳美珠著	定價350元
Cook50035	自然吃・健康補——60道省錢全家補菜單	林美慧著	定價280元
Cook50036	有機飲食的第一本書——70道新世紀保健食譜	陳秋香著	定價280元
Cook50037	靚補——60道美白瘦身、調經豐胸食譜	李家雄、郭月英著	定價280元
Cook50038	寶寶最愛吃的營養副食品——4個月～2歲嬰幼兒食譜	王安琪著	定價280元

北市基隆路二段13-1號3樓　http://redbook.com.tw
TEL：(02)2345-3868　FAX：(02)2345-3828

Cook50039	來塊餅——發麵燙麵異國點心70道	趙柏淯著	定價300元
Cook50040	義大利麵食精華——從專業到家常的全方位密笈	黎俞君著	定價300元
Cook50041	小朋友最愛喝的冰品飲料	梁淑嫈著	定價260元
Cook50042	開店寶典——147道創業必學經典飲料	蔣馥安著	定價350元
Cook50043	釀一瓶自己的酒——氣泡酒、水果酒、乾果酒	錢　薇著	定價320元
Cook50044	燉補大全——超人氣‧最經典，吃補不求人	李阿樹著	定價280元
Cook50045	餅乾‧巧克力——超簡單‧最好做	吳美珠著	定價280元
Cook50046	一條魚——1魚3吃72變	林美慧著	定價280元
Cook50047	蒟蒻纖瘦健康吃——高纖‧低卡‧最好做	齊美玲著	定價280元
Cook50048	Ellson的西餐廚房——從開胃菜到甜點通通學會	王申長著	定價300元
Cook50049	訂做情人便當——愛情御便當的50 × 70種創意	林美慧著	定價280元
Cook50050	咖哩魔法書——日式‧東南亞‧印度‧歐風＆美式‧中式60選	徐招勝著	定價300元
Cook50051	人氣咖啡館簡餐精選——80道咖啡館必學料理	洪嘉妤著	定價280元
Cook50052	不敗的基礎日本料理——我的和風廚房	蔡全成著	定價300元
TASTER	**吃吃看**		
Taster001	冰砂大全——112道最流行的冰砂	蔣馥安著	定價199元
Taster002	百變紅茶——112道最受歡迎的紅茶‧奶茶	蔣馥安著	定價230元
Taster003	清瘦蔬果汁——112道變瘦變漂亮的果汁	蔣馥安著	定價169元
Taster004	咖啡經典——113道不可錯過的冰熱咖啡	蔣馥安著	定價280元
Taster005	瘦身美人茶——90道超強效減脂茶	洪依蘭著	定價199元
Taster006	養生下午茶——70道美容瘦身和調養的飲料和點心	洪偉峻 著	定價230元
Taster007	花茶物語——109道單方複方調味花草茶	金一鳴著	定價230元
Taster008	上班族精力茶——減壓調養、增加活力的嚴選好茶	楊錦華著	定價199元
Taster009	纖瘦醋——瘦身健康醋DIY	徐　因著	定價199元
Taster010	懶人調酒——100種最受歡迎的雞尾酒	李佳紋著	定價199元
QUICK	**快手廚房**		
Quick001	5分鐘低卡小菜——簡單、夠味、經點小菜113道	林美慧著	定價199元
Quick002	10分鐘家常快炒——簡單、經濟、方便菜100道	林美慧著	定價199元
Quick003	美人粥——纖瘦、美顏、優質粥品65道	林美慧著	定價230元
Quick004	美人的蕃茄廚房——料理‧點心‧果汁‧面膜DIY	安　妮 著	定價169元
Quick005	懶人麵——涼麵、乾拌麵、湯麵、流行麵70道	林美慧著	定價199元
Quick006	Cheese!起司蛋糕——輕鬆做乳酪點心和抹醬	賴淑芬著	定價230元
Quick007	懶人鍋——快手鍋、流行鍋、家常鍋、養生鍋70道	林美慧著	定價199元
Quick008	隨手做義大利麵‧焗烤——最簡單、變化多的義式料理	洪嘉妤著	定價199元
Quick009	瘦身沙拉——怎麼吃也不怕胖的沙拉和瘦身食物	郭玉芳著	定價199元
輕鬆做001	涼涼的點心	喬媽媽著	定價99元

國家圖書館出版品預行編目資料

安琪拉的烘焙廚房：安心放手做西點／安琪拉
著. -- 初版. -- 台北市：朱雀文化，2004〔
民93〕
　　　面；　公分. -- （Life Style；15）

　ISBN 986-7544-26-9　　（平裝）

1. 食譜－點心　2. 烹飪

427.16　　　　　　　　　　　　　　　93021015

本書圖片取材自朱雀文化出版之西點食譜：
《做西點最簡單》、《做西點最快樂》、《好
做又好吃的手工麵包》、《烤箱點心百分
百》、《看書就會做點心》、《不失敗西點教
室》、《來塊餅》、《新手烘焙最簡單》、
《餅乾・巧克力》、《吃不胖甜點》，感謝梁
淑娞、賴淑萍、吳美珠、金一鳴、安妮及林
舜華老師之幫忙協助。

Life Style15

安琪拉的烘焙廚房

—— 安心放手做西點

作者	安琪拉
審訂	吳美珠
文字編輯	莫少閒
美術編輯	曾一凡
企畫統籌	李　橘
發行人	莫少閒
出版者	朱雀文化事業有限公司
地址	北市基隆路二段13-1號3樓
電話	02-2345-3868
傳真	02-2345-3828
劃撥帳號	19234566 朱雀文化事業有限公司
e-mail	redbook@ms26.hinet.net
網址	http:// redbook.com.tw
總經銷	展智文化事業股份有限公司
ISBN	986-7544-26-9
初版一刷	2004.12
定價	250元
出版登記	北市業字第1403號